LINGQIDIAN CHAOKUAIXUEDIANZI CHANPIN SHENGCHAN ZHUANGPEI YU TIAOSHI

零起点超快学

电子产品生产、装配与调试

王成安　王本轶　编著

化学工业出版社
·北京·

本书从零开始、循序渐进地介绍了电子产品生产、装配与调试的相关知识，主要内容包括：电子产品中的电子材料、常用紧固工具和检测仪器、电子元器件在装配前的加工、元器件的装配技术、电子元器件的焊接技术、表面安装元件的装配技术、电子产品的整机装配、电子产品的调试、电子产品的检验与包装、电子产品生产工艺文件的识读等，使零起点的读者能够轻松入门，打下扎实的电子技术基础。

本书内容实用性强，图文并茂，通俗易懂，适合电子技术初学者、爱好者、初级从业人员学习使用，也可用作职业院校、培训学校等相关专业的教材和参考书。

图书在版编目（CIP）数据

零起点超快学电子产品生产、装配与调试/王成安，王本轶编著. —北京：化学工业出版社，2017.1
ISBN 978-7-122-28494-5

Ⅰ.①零… Ⅱ.①王…②王… Ⅲ.①电子产品-生产工艺②电子产品-装配③电子产品-调试 Ⅳ.①TN

中国版本图书馆CIP数据核字（2016）第275178号

责任编辑：耍利娜　　装帧设计：刘丽华
责任校对：宋　玮

出版发行：化学工业出版社（北京市东城区青年湖南街13号　邮政编码100011）
印　　刷：北京云浩印刷有限责任公司
装　　订：三河市瞰发装订厂
787mm×1092mm　1/16　印张12　字数282千字　2017年2月北京第1版第1次印刷

购书咨询：010-64518888（传真：010-64519686）　售后服务：010-64518899
网　　址：http://www.cip.com.cn
凡购买本书，如有缺损质量问题，本社销售中心负责调换。

定　　价：48.00元

电子技术的发展大致可分为三个阶段。20 世纪 20 年代到 40 年代为第一阶段，以电子管为标志，由此促使了电子工业的诞生，发展了无线电广播和通信产业。1946 年诞生的世界上第一台电子计算机（美国制造，名为 ENIAC）可以认为是这个阶段的典型代表和终极产品。虽然它的运算速度只有 5000 次/秒，却是一个重为 28t、体积为 $85m^3$ 的庞然大物。它由 18000 个电子管组成，耗电 150kW，其内部的连线总长可以绕地球 20 圈。

1948 年，第一只半导体三极管的问世，标志着电子技术第二阶段的开始，掀起了电子产品向小型化、大众化和高可靠性、低成本进军的革命风暴，半导体进入电子领域，促进了无线广播电视和移动通信的高度发展，使得计算机的小型化变为现实，实现了人造地球卫星遨游太空。电子产品逐渐由科研和军用领域向民用领域普及，极大地改善了人们的生活质量。

到 20 世纪 70 年代，集成电路的使用已经不再新奇，电子技术步入了第三个发展阶段。正是在这个阶段，电子技术飞速发展，各种电子产品如雨后春笋般涌现，世界进入了空前繁荣的电子时代。电子计算机朝着大型化和微型化发展，其使用领域由科研转向工业及各个行业，自动控制、智能控制得以真正实现，航天工业得到从未有过的发展。随着制造工艺的提高，在一块 $36mm^2$ 的硅片上制造 100 万个三极管已经不是梦想。

1999 年美国英特尔公司宣布，其生产的奔腾 4 CPU，在一块芯片上集成了 2975 万个三极管，使微型机的运算速度远远超过以往的大型计算机。掌上电脑已经问世，移动通信已发展到全球通，数字式 CDMA 通信技术已非常成熟，手机已不再是奢侈品。笔记本电脑正在把人们的工作地点从办公室里解放出来。家用电器基本普及，人们的生活质量大幅提高，中国古代传说中的“千里眼”和“顺风耳”都在电子技术的发展过程中变成现实。人们可以“上九天揽月”，能够“下五洋捉鳖”。2003 年，人类将高度智能化的火星探测器送上火星，研制成功了可用于修补大脑的集成电路芯片，量子计算机的基本电路也研制成功。这一切都有赖于电子技术的巨大成就。可以预料，在新的世纪里，电子技术仍将高速发展，其所能达到的水平和发展速度无论你如何想象都不过分。

我国的电子工业在解放前基本上是空白。新中国成立后，在一批归国科学家的引领下，于 1956 年自主生产出第一只半导体三极管，1965 年生产出第一块集成电路，1983 年研制出银河 Ⅰ 型亿次机，标志着中国的计算机业迈入了巨型机的行列。1992 年我国又研制出十亿次银河计算机，1995 年研制成功的曙光 1000 型并行处理计算机，其运行速度可达 25 亿次/秒。2004 年，曙光理超级服务器研制成功，每秒峰值速度达到 12 万亿次。2015 年 11 月，我国自己研制的超算计算机——天河 2 号，其计算速度达到了 5.1 亿亿次/秒，位居世界第一，这已经是我国计算机连续6年蝉联世界计算机计算速度第一了。

我国自己研制的神州系列载人飞船已经成功地进行了航天飞行，并成功实现了太空行走，环月飞行的嫦娥计划已经顺利实施，中国人正朝着进行太空行走和登陆月球的目标迈进。我国的电子工业从无到有，从小到大，虽然起步晚，但起点高，现在我国家用电器的产量已位居世界第一，产品的质量也提高很快。在这些成就的取得中，电子技术功不可没。但是我们还要清醒地认识到，我国在电子核心元器件的生产和高级电子产品等方面，与发达国家相比还有较大差距。努力缩小差距，赶超世界先进水平，这正是历史赋予我们这一代人的光荣使命。

电子技术的知识范围很广，其分支也很多，有些分支已发展成为一门独立的学科，如计算机、单片机、晶闸管、可编程控制器等。但这些学科的知识基础仍然是电子技术。

从对信号的处理方式上来分，电子技术可分成模拟电子技术和数字电子技术。模拟电子技术是研究用硅、锗等半导体材料做成的电子器件组成的电子电路，对连续变化的电信号（如正弦波）进行控制、处理的应用科学技术。比如我们日常生活中使用的固定电话、收音机、电视机等都属于模拟电子技术应用的产品。

数字电子技术是研究处理二值数值信号的应用科学技术。像VCD机、DVD机、数码照相机、数码摄像机和计算机都是数字电子技术应用的典型产品。现代电子技术的发展，已经将模拟电子技术和数字电子技术融为一体，在一个电路甚至是一个芯片中，将模拟信号和数字信号同时进行处理，比如移动通信所使用的手机就是将语音这样的模拟信号进行数字化处理后再发射出去。

从电子技术所包含的内容上来分，电子技术可以分成电子元器件生产和设计电子电路两部分。在制造电子元器件这部分内容中，主要研究各种电子元器件的结构、特点、主要参数和生产工艺，其设计和制造属于电子技术的一个重要领域，其使用、装配和检测是电子产品生产工艺中要着重训练的课题。

设计电子电路是把电子元器件按照对电信号处理的要求进行一定的连接，以实现预定的功能。这是模拟电子技术和数字电子技术要着重研究的内容。

现代电子产品的生产是一门专有技术，流水线的应用给电子产品的批量化生产奠定了基础，对于电子产品的质量提供了可靠保证，对于降低成本也立下了赫赫功劳。作为一个现代电子产品生产人员，必须对电子产品的装配和调试过程了如指掌，熟悉现代电子产品生产的新工艺、新器件和新技术，才能胜任现代电子产品生产的岗位资格要求。

本书由王成安、王本轶编著，此外，王文革、杨德明、荆轲、毕秀梅、李亚平、王超、贾厚林、宋月丽、余威明、王春、王子凡、刘喜双等也为本书的编写提供了大量帮助。

由于笔者水平有限，书中难免有不当之处，望各位专家和读者批评指正。

编著者

目录
CONTENTS

第①章 电子产品中的电子材料

一个电子产品，不光需要有电阻、电容、电感、二极管、三极管和集成电路这些元器件，还要用到许多其他的电子材料，最明显的例子就是这些电子元器件都需要安装焊接在印刷电路板上，在电路板上还需要使用各种导线进行电气连接和信号传输，在电路板和电子产品的外壳之间还经常需要使用绝缘材料进行隔离，有些电路还需要使用磁性材料和粘接材料。

如图 1.1 所示，就是一款计算机主板的照片图，可以看到，各种元器件都安装焊接在一块电路板上，导线将风扇连接起来，保证 CPU 散热。

这些导线、绝缘材料、焊接材料、磁性材料和粘接材料统称为电子材料，可以说，所有的电子产品都离不开电子材料。

电子材料的质量、品种和规格，是电子整机产品质量和性能的重要保证。从事电子产品生产的工程技术人员，一定要熟悉各种电子材料的性能，掌握电子材料的选用原则，这样才能保证电子产品的质量。

图 1.1 一款计算机主板的照片图

1.1 导线与绝缘材料

在电子产品整机的内部，有许多连接线和支撑体。连接线基本上都是导线，支撑体基本上都是绝缘材料。

导线又分成裸导线和有绝缘层的导线。在电子产品中所用的导线基本上是铜线，因为纯铜的表面容易氧化，所以几乎所有的导线在铜线表面都镀有一层抗氧化层，如镀锌、镀锡和镀银等。如图 1.2 所示，就是几种有绝缘层的导线的实物。

图 1.2 几种有绝缘层的导线的实物

常见的电线如塑料导线、橡胶导线、纱包线、漆包线等就是以外皮的绝缘材料来命名的。

绝缘材料除有隔离带电体的作用外，往往还起到机械支承、保护导体及防止电晕和灭弧等作用。绝缘材料有塑料类（聚氯乙烯、聚四氯乙烯等）、橡胶类、纤维（棉、化纤等）和涂料类（聚酯漆、聚乙烯漆等），它们可以单独使用，也可组合使用。如图 1.3 所示，就是各种形状的绝缘材料的实物。

1.1.1 导线的种类和技术参数

（1）常用的导线

常用的导线外形如图 1.4 所示。

（2）选用导线时要考虑的主要因素

① 电气因素

a. 允许电流与安全系数。导线通过电流时会产生温升，在一定温度限制下的电流值称为允许电流。对于不同的绝缘材料、不同导线截面的电线，其允许电流也不同。选择导线时要保证使导线中的最大电流小于允许电流并取适当的安全系数，根据电子产品的级别和使用要求，安全系数可取 0.5～0.8（安全系数＝工作电流/允许电流）。

在各种电子设备中使用的电源线，因其使用条件复杂，经常被人体触及，一般要求安全

图 1.3 各种形状的绝缘材料的实物

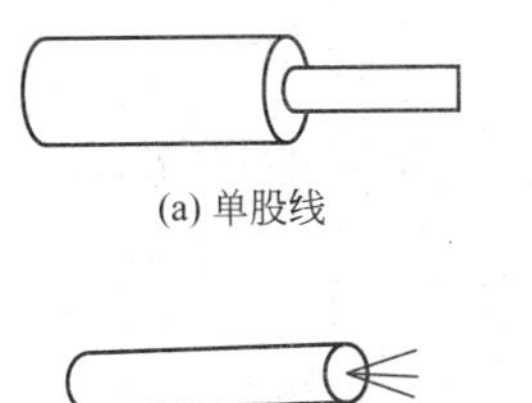

(a) 单股线

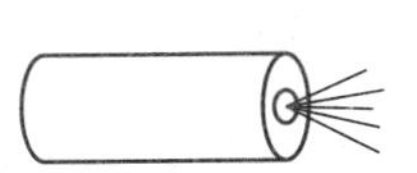

(b) 多股线

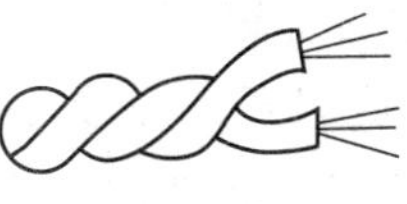

(c) 双绞线

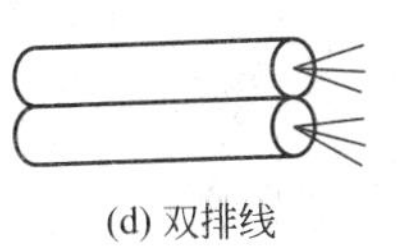

(d) 双排线

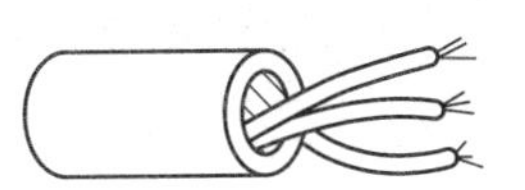

(e) 带护套多芯线

(f) 带护套屏蔽层单芯线

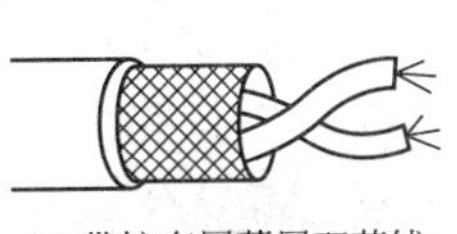

(g) 带护套屏蔽层双芯线

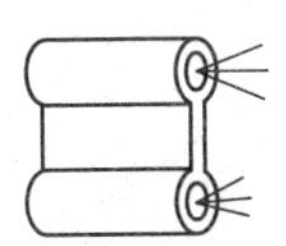
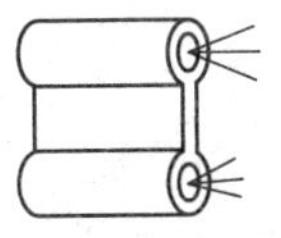

(h) 300Ω电缆线

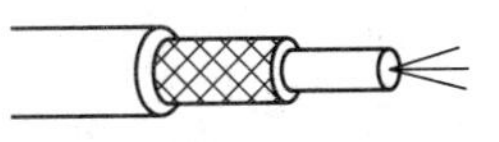

(i) 75Ω电缆线

图 1.4 常用的导线外形

系数更大一些，通常规定截面不得小于 0.4mm²，而且安全系数不得超过 0.5。

作为粗略的估算，可按 3A/mm² 的截流量选取导线截面，在通常条件下是安全的。

b. 导线的电压降。当导线较短时，可以忽略导线上的电压降，但当导线较长时就必须考虑这个问题。为了减小导线上的压降，常选取较大截面积的电线。

c. 导线的额定电压。导线绝缘层的绝缘电阻是随电压的升高而下降的，如果超过一定的电压值，则会发生导线间击穿放电现象。

d. 导线的频率特性。如果通过导线的信号频率较高，则必须考虑导线的频率特性。比如射频电缆的阻抗必须与电路的阻抗特性相匹配，否则电路就不能正常工作。

e. 信号线的屏蔽。当导线用来传输音频信号和视频信号时，为了防止外界信号的干扰，应选用带有屏蔽层的导线。比如在音响电路中，功率放大器之前的信号线均需使用屏蔽线。演讲者在舞台上演讲时，若使用的是有线麦克风时，这个导线一定是带有屏蔽层的电缆线。如图 1.5 所示，就是几种带有屏蔽层的电缆线的实物。

图 1.5 几种带有屏蔽层的电缆线的实物

② 环境因素

a. 机械强度。如果电子产品中的导线在运输或使用过程中可能承受机械力的作用，则选择导线时就要对导线的强度、耐磨性和柔软性有所要求，特别是工作在高电压、大电流场合的导线，更需要注意这个问题。

b. 环境温度。环境温度对导线的影响很大，高温会使导线变软，低温会使导线变硬甚至变形开裂，造成电气事故。选择导线要考虑到电子产品的工作环境温度。

c. 耐老化耐腐蚀性。各种绝缘材料都会老化和腐蚀。例如长期在日光的照射下，橡胶绝缘层的老化会加速，接触化学溶剂可能会腐蚀导线的绝缘外皮。要根据电子产品工作的环境选择有合适绝缘层的导线。

③ 装配工艺因素　选择导线时要考虑装配工艺的优化。比如同一组导线应选择具有相同芯线数目的电缆，避免采用多根单导线组合。再比如带有织物层的导线使用普通的剥线方法很难剥除端头，如果不考虑强度的需要，则不宜选用这种导线当普通连接导线。如图 1.6 所示，就是带有织物层的导线的实物。

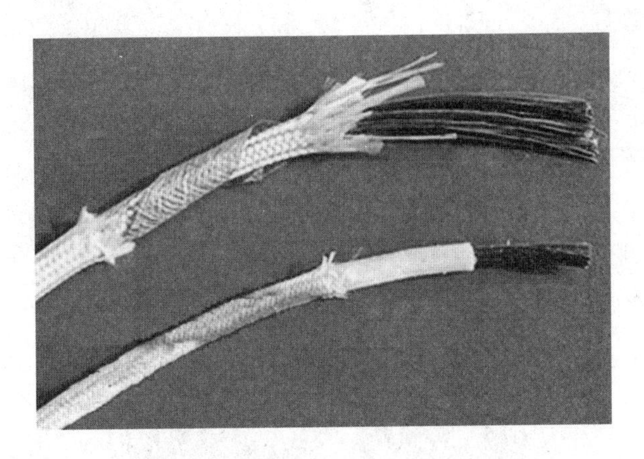

图 1.6 带有织物层的导线的实物

1.1.2 绝缘材料的种类和技术参数

(1) 绝缘材料的种类

绝缘材料的品种很多，按其形态可分为气体、液体和固体；按其化学性质可分为无机材料、有机材料和混合绝缘材料。

气体绝缘材料：常用的有空气、氮、氢、二氧化碳等。

液体绝缘材料：常用的有变压器油、开关油等。

固体绝缘材料：常用的有云母、玻璃、陶瓷、塑料、橡胶等。如图 1.7 所示，是电源线进入金属外壳时，安装在金属外壳上的绝缘套的实物。

图 1.7 安装在金属外壳上电源线绝缘套的实物

为了防止电子产品因为绝缘性能损坏而造成事故，绝缘材料的选用应符合规定的性能指标。

(2) 绝缘材料的性能参数

① 电阻率 电阻率是绝缘材料最基本的性能指标，足够的绝缘电阻能把电气设备的泄漏电压限制在很小的范围以内，用在电子产品上的绝缘材料电阻率一般在 $10^9\Omega\cdot cm$ 以上。

② 击穿电压　击穿电压这个指标描述了绝缘材料抵抗电击穿的能力。当外施电压增高到某一极限值时，材料会丧失绝缘性而击穿。通常以1mm厚的绝缘材料所能承受的电压值来表示击穿电压。一般电工钳的绝缘外套可耐压500V，必须注意不要在超过此电压的场合使用。如图1.8所示，是常见的电工钳实物，金属上的绝缘外套是不可以剥掉的。

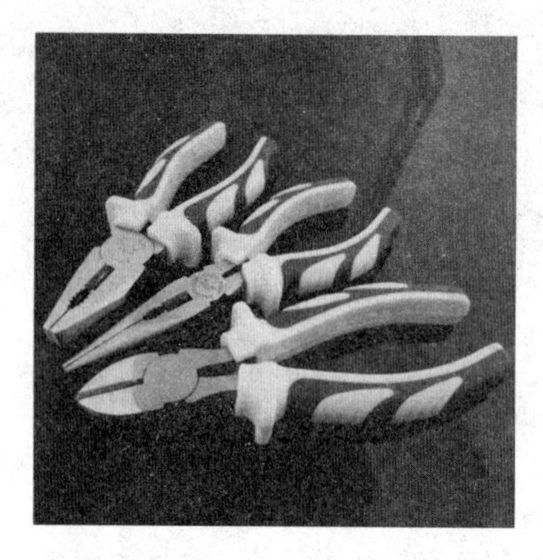

图1.8　电工钳实物

③ 机械强度　凡是绝缘材料都要承受拉伸、重压、扭曲、振动等机械负荷，因此要求绝缘材料本身具有一定的机械强度。

④ 耐热性能　这个指标描述了当温度升高时，材料的绝缘性能仍能保持完好。国家规定绝缘材料有Y、A、E、B、F、H、C七个耐热等级，分别对应于最高允许工作温度为80℃、105℃、120℃、130℃、155℃、180℃和180℃以上。

绝缘材料除了以上的性能指标外，还有吸湿性能、理化性能等。

实用资料

常用电子绝缘材料性能用途一览表

常用电工绝缘材料的性能、用途如表1.1所示。

表1.1　常用绝缘材料性能和用途一览表

名称	颜色	厚度/mm	击穿电压/V	极限工作温度/℃	特点	用途	备注
电话纸	白色	0.04 0.05	400	90	坚实 不易破裂	适用于直径＜0.4mm漆包线的层间绝缘	类似品：相同厚度的打字纸、描图纸或胶版纸
电缆纸	黄色	0.08 0.12	400 800	90	柔顺 耐拉力强	适用于直径＞0.4mm漆包线的层间绝缘	类似品：牛皮纸
青壳纸	青色	0.25	1500	90	坚实耐磨	纸包外层绝缘	
电容纸	黄色	0.03	500	90	薄，耐压高	适用于直径＜0.3mm漆包线的层间绝缘	

续表

名称	颜色	厚度/mm	击穿电压/V	极限工作温度/℃	特点	用途	备注
聚酯薄膜	透明	0.04 0.05 0.10	3000 4000 9000	120 120 140	耐热，耐高压	高压绕组层绝缘	
聚酯薄膜粘带	透明	0.055 0.17	5000 17000	120 140	耐热，耐高压，强度高	低压绝缘密封	
聚氯乙烯薄膜	透明 略黄	0.14 0.19	1000 1700	60 80	柔软，黏性强，耐热差	低压和高压线头包扎(低温场合)	
油性玻璃漆布	黄色	0.15 0.17	2000 3000	120 130	耐热好，耐压较高	线圈、电器绝缘衬垫	
沥青玻璃漆布	黑色	0.15 0.17	2000 3000	120 130	耐热耐潮 耐压较高	不适用于在油中工作的线圈及电器等	
黄蜡布	黄色	0.14 0.17	2000 3000	90 100	耐高压 耐热性差	高压线圈层 组间绝缘	
黄蜡绸	黄色	0.08	4000	90	耐压耐油	高压线圈层间绝缘	
聚四氟乙烯薄膜	透明	0.03	6000	280	耐压及耐温性能极好	耐高压耐高温 耐酸碱	价格昂贵
压制板	黄色	1.0 1.5	3000	90	线包骨架	耐高压耐高温 耐酸碱	
高频漆	黄色		3000	90 (固化后)	粘剂	粘剂黏合绝缘纸、压制板、黄蜡布等	代用品：洋干漆
清漆	透明 略黄		3000	90 (固化后)	粘剂	黏合绝缘纸、压制版黄蜡布，线圈浸渍	
云母纸	透明	0.10 0.13 0.16	1600 2000 2600	130以上	耐热耐压 易碎不耐潮	各类绝缘衬垫等	
环氧树脂	白色		3000	130	耐热耐压	电视高压包等高压线圈的灌封、黏合等	宜慢慢灌入
硅橡胶灌封剂	白色	—	3000	130以上	耐热耐压	电视高压包等高压线圈的灌封、黏合等	宜慢慢灌入
地蜡	糖色	—	3000	130以上	耐热耐压	各类变压器浸渍处理用	宜慢慢灌入

1.2 印刷电路板与焊接材料

在电子产品内部，所有的电子元件都是安装在一块或者是几块印刷电路板上的，再使用焊接材料进行电气连接。

1.2.1 印刷电路板

在覆铜板上，按照预定的设计制成导电线路，元件可直接焊在板上，称为印刷电路。完成印刷电路或印刷线路工艺加工的成品板，称为印刷电路板（Printed Circuit Board）或印制线路板，通常简称为印刷板或 PCB，如图 1.9 所示。人们熟知的计算机主机板、显卡等，它们最重要的部分就是印刷电路板。

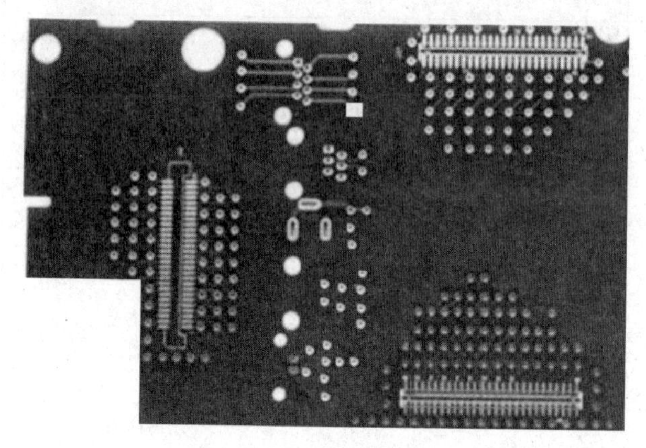

图 1.9 印刷电路板实物

用于各类电子设备和系统中的电子器材以印刷电路板为主要装配方式，它是电子产品中电路元件和器件的支撑件，提供了电路元件和器件之间的电气连接；为自动锡焊提供阻焊图形，为元器件插装、检查、维修提供识别字符和图形；可以从板上测得各种元器件实际的规格以及测试数据，所以 PCB 是电子工业重要的电子部件之一。

随着电子技术的飞速发展，印刷板从单面板发展到双面板、多层板、挠性板。计算机的主板一般都是四层板，翻盖式手机上用的就是挠性板，将手机的显示屏与手机电路连接起来。

印刷板设计制作技术也不断提高，由手工设计和传统制作工艺发展到计算机辅助设计与制作。现在 PCB 的布线密度、精度和可靠性越来越高；PCB 的面积也大大缩小，重量也大大减轻，从而保证了电子设备向大规模集成化和微型化的发展。

目前，在电子产品中应用最广的是单面板与双面板。如图 1.10 所示，是一个双面板的实物，可以看到板上有许多金属过孔。

（1）PCB 基础知识

PCB 几乎会出现在每一种电子设备当中，如果在某种设备中有电子元器件，那么它们也都是安装在大小各异的 PCB 上。

① PCB 常用名词

a. 印刷：采用某种方法，在一个表面上再现图形和符号的工艺，通常称为“印刷”。

b. 印刷线路：采用印刷法在基板上制成的导电图形，包括导线和焊盘等。

c. 印刷元件：采用印刷法在基板上制成的电路元件，如电阻、电容等。

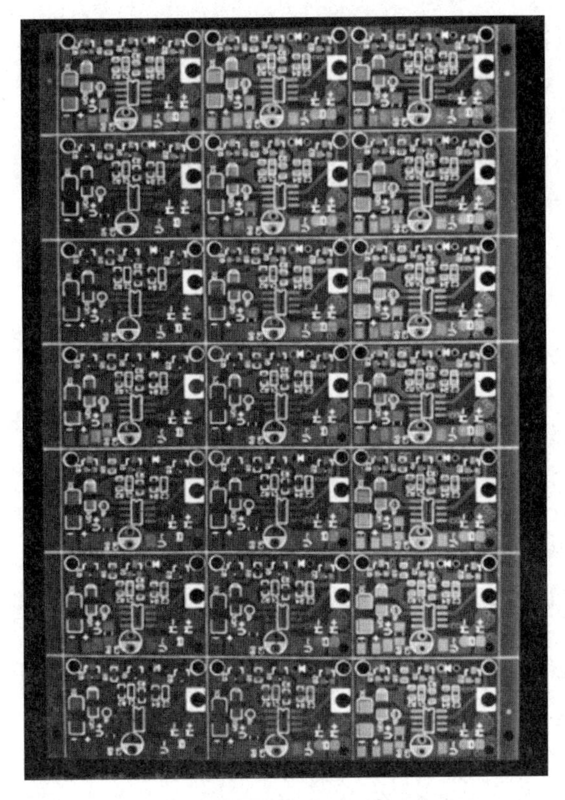

图 1.10 双面板的实物

d. 印刷电路：采用印刷法得到的电路，包括印刷线路和印刷元件。

e. 覆铜板：由绝缘板和粘贴在上面的铜箔构成，是制造 PCB 电气连线的原料。

f. 印刷电路板：印刷线路加工以后形成的板子，简称印刷板或 PCB。板上所有元件已经安装、焊接完成的，习惯上按其功能或用途称为“某某板”或称为“某某卡”，例如计算机的主板、声卡、显卡等。

② 印刷电路板上的导线　PCB 本身的基板是由绝缘隔热并且不易弯曲的材料所制成。在板表面可以看到的细小线路材料是铜箔，原本铜箔是覆盖在整个板子上的，但在制造过程中，一部分铜箔被蚀刻处理掉，剩下来的部分就变成所需要的线路了。这些线路被称作导线或布线，用来提供在 PCB 上各种元器件的电路连接，如图 1.11 所示。

③ 印刷电路板的元器件面与焊接面　为了将元器件固定在 PCB 上面，需要将它们的引线端子直接焊在布线上。在最基本的 PCB（单面板）上，元器件都集中在一面，导线则都集中在另一面，这就需要在板子上钻孔，使元件的引线能穿过板子焊在另一面上。所以 PCB 的两面分别被称为元器件面与焊接面。

④ 双面印刷电路板　电路板的两面都有导电图形的 PCB 板被称为双面印刷电路板，这种电路板的两面都有布线，要利用上板两面的导线，必须在两个板面间有适当的电路连接，起到这种连接作用的就是导孔。导孔是在 PCB 上充满金属的小洞，它与板两面的导线相连接。

双面板上可安排导线的面积比单面板大了一倍，而且布线可以互相交错，所以适合用在

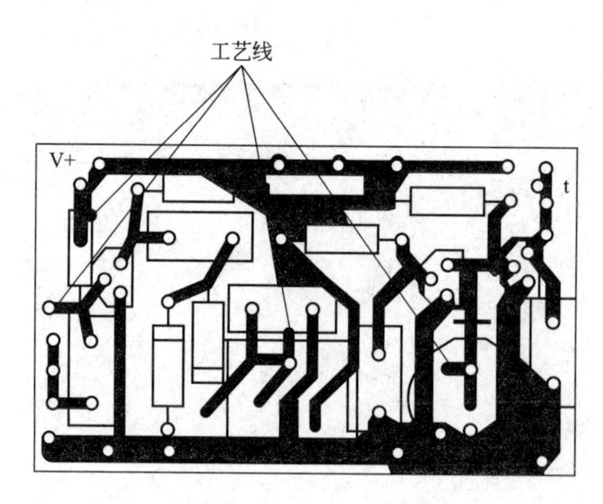

图 1.11　导线或布线

比较复杂的电子电路上。

⑤ 多层印刷电路板　将三层或三层以上导电图形和绝缘材料压在一起的 PCB 板叫作多层板。为了增加可以布线的面积，多层板使用数片双面板并在板间放进一层绝缘层后粘牢。通常层数都是偶数，并且包含最外侧的两层。现在的最新工艺可以做到 40 层板。计算机的主板一般是四层板。

(2) 印刷电路板上导线的布线原则

① 导线走向尽可能取直，以近为佳，不要绕远。

② 导线走线要平滑自然，转弯处要用圆角，避免用直角。

③ 当采用双面板布线时，两面的导线要避免相互平行，以减小寄生耦合；作为电路输入及输出用的印刷导线应尽量避免相邻平行，在这些导线之间最好加上接地线。

④ 印刷导线的公共地线，应尽量布置在印刷线路的边缘，并尽可能多地保留铜箔作为公共地线。

⑤ 尽量避免使用大面积铜箔，必须用大面积铜箔时，要将其镂空成栅格，有利于排除铜箔与基板间的黏合剂受热产生的挥发性气体；当导线宽度超过 3mm 时可在中间留槽，以利于焊接。

(3) PCB 的对外连接

一块印刷电路板只不过是电子产品整机的一个组成部分，因此在印刷板之间以及与其他部分之间需要用导线采用焊接的方法进行电气连接。

采用导线进行电气连接时应注意以下几点。

① 印刷板上的对外焊点要尽可能引到整板的边缘，并按一定的尺寸排列，以利于焊接与维修；

② 连接导线应通过印刷板上的穿线孔，从 PCB 的元件面穿过焊在焊盘上，以提高导线与板上焊点的机械强度，避免焊盘或印制导线直接受力；要将导线排列或捆整齐，与板固定在一起，避免导线因移动而折断，如图 1.12 所示。

1.2.2　焊接材料

焊接材料是指易熔化的金属及其合金，它的作用是将被焊物连接在一起。焊料的熔点要

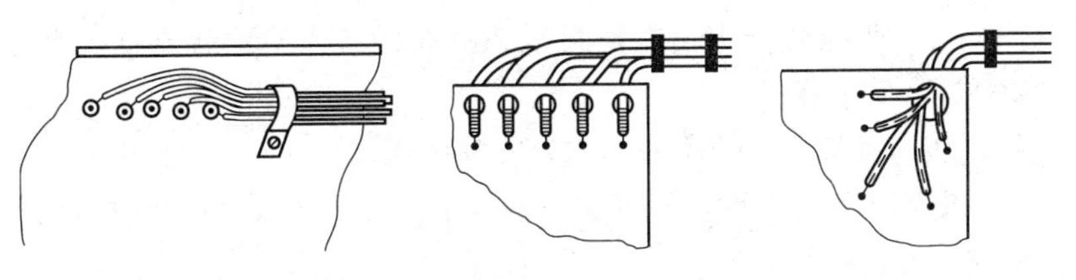

图 1. 12 PCB 上导线的焊接

比被焊物的熔点低，而且要易于和被焊物融为一体。

焊料按其组成成分，可分为锡铅焊料、银焊料、铜焊料。按照使用的环境温度又可分为高温焊锡（在高温环境下使用的焊锡）和低温焊锡（在低温环境下使用的焊料）。

在锡铅焊料中，熔点在 450℃以下的称为软焊料。抗氧化焊锡是在工业生产中自动化生产线上使用的焊锡，如用在波峰焊中，这种液体焊料暴露在空气中时，焊料极易氧化，这样将产生虚焊，会影响焊接质量。为此，在锡铅焊料中加入少量的活性金属，能形成覆盖层以保护焊料不再继续氧化，从而提高了焊接质量。

锡铅焊料的形状有圆片、带状、球状、丝状等，常用的焊锡丝，在其内部加有固体助焊剂——松香。焊锡丝的直径种类也很多，常用有的 4mm、3mm、2mm、1.5mm 等。如图 1.13 所示，是丝状锡铅焊料的实物。

图 1. 13 丝状锡铅焊料的实物

为保障焊接质量，视被焊物的不同，选用不同的焊料是重要的。在电子产品装配中，一般都选用锡铅焊料，简称为焊锡。

(1) 焊锡的特点

焊锡有如下的特点。

① 熔点低。它在 180℃左右时便可熔化，使用 25W 外热式或 20W 内热式电烙铁便可进行焊接。

② 具有一定的机械强度。因为锡铅合金的机械强度比纯锡或者纯铅的机械强度要高，又因为电子元器件本身的重量较轻，对焊点的机械强度要求不是很高，所以锡铅合金能满足大部分焊点的强度要求。

③ 具有良好的导电性。因锡铅焊料均属良导体，故它的电阻很小。

④ 抗腐蚀性能好。焊接好的印刷电路板不必涂抹任何保护层就能抵抗大气的腐蚀，从而减少了工艺流程，降低了成本。

⑤ 对元器件引线和其他导线的附着力强，不易脱落。

因为锡铅焊料具有以上的优点，所以在焊接技术中得到了极其广泛的应用。

(2) 锡铅焊料的配比

锡铅焊料是由两种以上金属按照不同比例组成的，因此锡铅合金的性能就随着锡铅的配比变化而变化。在市场上出售的焊锡，由于生产厂家的不同，锡铅配比有很大的差别，所以选择配比最佳的锡铅焊料是很重要的。

常用的焊锡焊料的几种配比是：

① 锡 60%、铅 40%，熔点为 182℃；

② 锡 50%、铅 32%、镉 18%，熔点为 150℃；

③ 锡 35%、铅 42%、铋 23%，熔点为 150℃。

常用锡铅材料的配比及用途一览表

常用锡铅材料的配比及用途见表 1.2。

表 1.2　锡铅焊料的配比与用途

<table>
<tr><th rowspan="2">名称</th><th rowspan="2">牌号</th><th colspan="3">主要成分/%</th><th rowspan="2">杂质/%></th><th rowspan="2">熔点/℃</th><th rowspan="2">抗拉强度/(MPa/mm²)</th><th rowspan="2">用途</th></tr>
<tr><th>锡</th><th>锑</th><th>铅</th></tr>
<tr><td>10 锡铅焊料</td><td>HlSnPb-10</td><td>89～91</td><td>≤0.15</td><td rowspan="9">余量</td><td rowspan="5">0.1</td><td>220</td><td>4.3</td><td>钎焊食品器皿及医药物品</td></tr>
<tr><td>39 锡铅焊料</td><td>HlSnPb-39</td><td>59～61</td><td rowspan="2">≤0.8</td><td>183</td><td>4.7</td><td>钎焊电子制品</td></tr>
<tr><td>50 锡铅焊料</td><td>HlSnPb-50</td><td>49～51</td><td>210</td><td rowspan="2">1.8</td><td>钎焊散热器、黄铜制件</td></tr>
<tr><td>58-2 锡铅焊料</td><td>HlSnPb-58-2</td><td>39～41</td><td rowspan="3">1.5～2</td><td>235</td><td>钎焊仪表</td></tr>
<tr><td>68-2 锡铅焊料</td><td>HlSnPb-68-2</td><td>29～31</td><td>256</td><td>1.3</td><td>钎焊电缆护套、铅管等</td></tr>
<tr><td>80-2 锡铅焊料</td><td>HlSnPb-80-2</td><td>17～19</td><td rowspan="4">0.6</td><td>277</td><td>1.8</td><td>钎焊油壶、容器、散热器</td></tr>
<tr><td>90-6 锡铅焊料</td><td>HlSnPb-90-6</td><td>3～4</td><td>5～6</td><td rowspan="2">265</td><td>5.9</td><td>钎焊黄铜</td></tr>
<tr><td>73-2 锡铅焊料</td><td>HlSnPb-73-2</td><td>24～26</td><td>1.5～2</td><td>1.8</td><td>钎焊铅管</td></tr>
<tr><td>45 锡铅焊料</td><td>HlSnPb-45</td><td>53～57</td><td>1.5～2</td><td>200</td><td>1.6</td><td>钎焊铅管</td></tr>
</table>

(3) 助焊剂

① 助焊剂的作用　在进行焊接时，为能使被焊物与焊料连接牢靠，就必须要求金属表面无氧化物和杂质，这样才能保证焊锡与被焊物的金属表面发生合金反应。因此，在焊接开始之前，必须采取各种有效措施将氧化物和杂质除去。

除去氧化物与杂质通常有两种方法，即机械方法和化学方法。机械方法是用沙子和刀子将氧化物与杂质除掉，化学方法则是用助焊剂将氧化物与杂质清除。

使用助焊剂除去氧化物与杂质具有不损坏被焊物及效率高等特点，因此在焊接时，一般

都采用这种方法。

助焊剂除了有去除氧化物的功能外，还具有加热时防止氧化的作用。由于焊接时必须把被焊金属加热到使焊料发生润湿并产生扩散的温度，但随着温度的升高，金属表面的氧化就会加速，而助焊剂此时就在整个金属表面上形成一层薄膜，包住金属使其和空气隔绝，从而起到防止氧化的作用。

助焊剂还有帮助焊料流动、减少表面张力的作用，当焊料熔化后，应该贴附于金属表面，但由于焊料本身表面张力的作用，焊料力图变成球状，从而减少了焊料的附着力，而助焊剂则有减少焊料表面张力、增加焊料流动性的功能，故使焊料附着力增强，使焊接质量得到提高。

② 助焊剂的种类　助焊剂有三种系列：无机系列、有机系列和树脂系列。

a. 无机系列助焊剂。无机系列助焊剂的主要成分是氯化锌或氯化铵及它们的混合物。这种助焊剂最大的特点是具有很好的助焊作用，但是具有强烈的腐蚀性。因此，多数用在可清洗的金属制品焊接中。如果对残留助焊剂清洗不干净，就会造成被焊物的腐蚀。如果将无机系列助焊剂用于印制板的焊接，将破坏印制板的绝缘功能。现在市场上出售的各种焊油多数属于这类产品。如图 1.14 所示，是一款可用于不锈钢、铜、铁、锌等金属焊接的助焊剂。

图 1.14　一款可用于不锈钢、铜、铁、锌等金属焊接的助焊剂

b. 有机系列助焊剂。有机系列助焊剂是由有机酸卤化物组成。这种助焊剂的特点是助焊性能好、可焊性高，不足之处是也有一定的腐蚀性，且热稳定性差，即一经加热，便迅速分解，然后留下无活性残留物。

c. 树脂活性系列焊料。树脂活性系列焊料是在松香中加入活性剂。松香是一种天然产物，它的成分与产地有关。用作助焊剂的松香是从各种松树分泌出来的汁液中提取的，一般采用蒸馏法加工取出固态松香。如图 1.15 所示，是两款松香助焊剂。

在制作印刷电路板时经常要使用到松香酒精助焊剂，将其涂覆在焊盘上。松香酒精助焊剂是用无水乙醇溶解纯松香配制成 25％～30％的乙醇溶液。这种助焊剂的优点是没有腐蚀性，并且绝缘性能高，稳定性和耐湿性也好，而且焊接后清洗容易，并形成膜层覆盖焊点，使焊点不被氧化腐蚀。如图 1.16 所示，是一款瓶装松香酒精助焊剂。

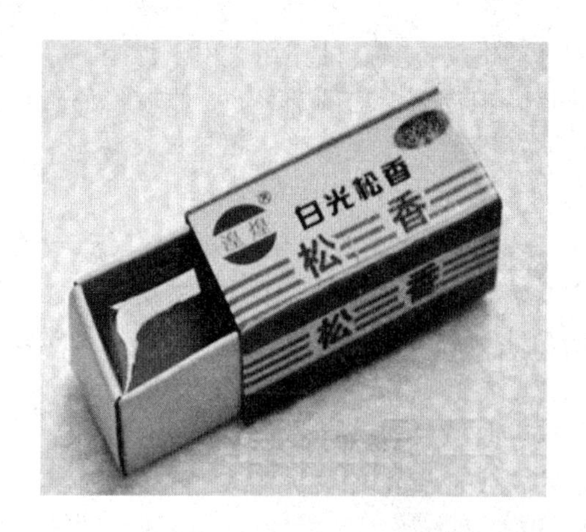

图 1.15　两款松香助焊剂

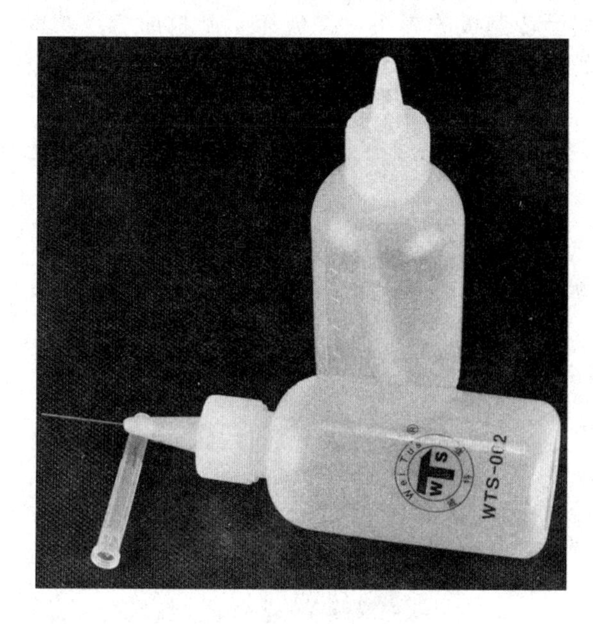

图 1.16　一款瓶装松香酒精助焊剂

③ 助焊剂的选用　电子线路的焊接通常都采用松香或松香酒精助焊剂，这样可保证电路元件不被腐蚀，电路板的绝缘性能也不至于下降。

由于纯松香助焊剂活性较弱，只有在被焊的金属表面是清洁的、无氧化层时，可焊性才比较好。有时为了清除焊接点的锈渍、保证焊点的质量，也可使用少量的氯化铵焊剂，但焊接后一定要用酒精将焊接处擦洗干净，以防残留助焊剂对电路产生腐蚀。

另外，电子元器件的引线多数是镀了锡的，也有的镀了金、银或镍的，这些金属的焊接情况各有不同，可按金属的不同选用不同的助焊剂。对于铂、金、铜、银、锡等金属，可选用松香焊剂，因这些金属都比较容易焊接。对于铅、黄铜、青铜、镍等金属可选用有机焊剂中的中性焊剂，因为这些金属比上述金属的焊接性能要差一些，如用松香助焊剂将影响焊接质量。

对于镀锌、铁、锡镍合金等金属焊件，因焊接比较困难，可选用酸性助焊剂。当焊接完成后，必须对残留助焊剂进行清洗。

常用助焊剂配料比例一览表

如表 1.3 所示，给出了常用助焊剂的配料比例。

表 1.3　助焊剂的配比及主要性能

品种	配方/g		酸值	漫流面积/mm	绝缘电阻/Ω	可焊程度
松香酒精助焊剂	特级松香 无水乙醇	33 67	41.84	390	8.5×10	中
盐酸二乙胺助焊剂	盐酸二乙胺 三乙醇胺 特级松香 正丁醇 无水乙醇	4 6 20 10 60	47.66	749	1.4×10	好
盐酸苯胺助焊剂	盐酸苯胺 三乙醇胺 特级松香 无水乙醇 溴化水杨酸	5.5 1.5 23 70 10	51.40	418	2×10	中
201 助焊剂	树脂 A 溴化水杨酸 特级松香 无水乙醇	20 10 20 50	57.97	681	1.8×10	好
201-1 助焊剂	溴化水杨酸 丙烯酸树脂 101 特级松香 无水乙醇	7.9 3.5 20.5 68.1		551	1.8×10	好
SD 助焊剂	溴化水杨酸 特级松香 无水乙醇	7.0 16.0 77.0	38.19	529	4.5×10	好
201-2 助焊剂	甘油 特级松香 无水乙醇	0.5 29.5 70	59.35	638	5×10	中
202-A 助焊剂	溴化肼 甘油 蒸馏水 无水乙醇	10 5 25 60	46.11	1037	5×10	好

续表

品种	配方/g		酸值	漫流面积/mm	绝缘电阻/Ω	可焊程度
202-B助焊剂	溴化肼 甘油 蒸馏水 无水乙醇	8 4 20 68	44.76	670	5×10	好

1.3 磁性材料与粘接材料

1.3.1 磁性材料的种类与特点

(1) 磁性材料的种类与用途

磁性材料分为软磁材料和硬磁材料两类，前者主要用作电机、变压器、电磁线圈的铁芯，后者主要用在电工仪器内作磁场源。如图1.17所示，是两款制作脉冲变压器磁芯的软磁材料。

图1.17 两款制作变压器铁芯的软磁材料

如图1.18所示，是制作电源变压器铁芯的硬磁材料的实物。可以看出，软磁材料和硬磁材料同样是用于制作变压器，但其结构是不同的。软磁材料是实心一体的，而硬磁材料是

图 1.18　制作变压器铁芯的硬磁材料

片状叠层的。

(2) 磁性材料的特点

软磁材料的主要特点是磁导率高、矫顽力低，在外磁场的作用下，磁感应强度能很快达到饱和，当外磁场去除后，磁性就基本消失，剩磁小。如收音机天线磁棒、开关电源中的变压器磁芯等。

硬磁材料的主要特点是矫顽力高，经饱和磁化后，即使去掉外磁场，也将保持长时间而稳定的磁性。如铝镍钴、稀土钴、电源变压器的铁芯等。

① 电工用纯铁　电工用纯铁的代号为 DT，其含碳量在 0.04%以下，冷加工性能好，多制成块状或柱状。但它的铁损高，主要用于直流磁场中。

② 硅钢片　在铁中加入 0.8%～4.5%的硅，就是硅钢。硅钢比纯铁的硬度高、脆性大，多加工成片状（如电机、变压器铁芯选用 0.3～0.5mm 厚的硅钢叠成）。硅钢片分热轧和冷轧两种，冷轧硅钢片又分有取向和无取向两种。有取向硅钢片沿轧制方向的导磁率最高，与轧制方向垂直时导磁率最小。无取向硅钢片的导磁率与轧制方向无关。

在叠制不同电工产品的铁芯时，应根据其具体要求，选用不同特性的硅钢片。如电力变压器，为减少损耗，要选用低铁损和高磁感应强度的硅钢片；小型电机应选用高磁感应强度的硅钢片；大型电机，因铁芯体积大，铁损比较大，要选低铁损的硅钢片。

③ 铁镍合金　铁镍合金工作频率在 1MHz 以下。在电子技术中，为满足弱信号的要求，常选用磁导率和磁感应强度高的铁镍合金。型号为 IJ51 的铁镍合金，因其电阻率高，饱和磁感应强度和剩磁高，适宜用作放大器线圈的铁芯。

电源变压器的铁芯用磁导率高的 IJ50 铁镍合金。IJ79 铁镍合金和 IJ16 铁铝合金，常用作小功率音频变压器的铁芯，可以减小非线性失真。

④ 软磁铁氧体　软磁铁氧体广泛用于工作于高频范围内的电磁元件中，其电阻率低、饱和磁感应强度低、但温度稳定性较差。在无线电技术中最常用的是镍锌铁氧体和锰锌铁氧体，被用来制作滤波线圈、脉冲变压器、可调电感器、高频扼流圈及天线铁芯。

1.3.2　磁性材料的应用范围

磁性材料的应用范围如表 1.4 和表 1.5 所示。

表 1.4　软磁材料的品种、主要特点和应用范围

品种		主要特点	应用范围
电工用纯铁		含碳量在0.04%以下，饱和感应强度高、冷加工性好，但电阻率低，铁损高，磁时效现象	一般用于直流磁场
硅钢片		铁中加入0.8%～4.5%的硅而成为硅钢；与电工用纯铁比，电阻率高，铁损低，导热系数低，硬度提高，脆性增大	电机、变电器、继电器、互感器、开关等产品的铁芯
铁镍合金		在低磁场作用下，磁导率高，矫顽力低，但对应力比较敏感	频率在1MHz以下，低磁场中工作的器件
铁铝合金		与镍铁合金相比，电阻率高，密度小，但磁导率低，随着含铝量的增加，硬度和脆性增大，塑性变差	低磁场和高磁场下工作的器件
软磁铁氧体		烧结体，电阻率非常高，但饱和磁感应强度低，温度稳定性也较差	高频或较高频范围内的电磁元件
其他磁材料	铁钴合金	饱和磁感应强度特高，饱和磁致伸缩系数和居里温度高，但电阻率低	航空器件的铁芯，电磁铁磁极，换能器元件
	恒磁合金	在一定的磁感应强度、温度和频率范围内，磁导率基本不变	恒磁电感和脉冲变压器的铁芯
	磁温度补偿合金	居里温度低，在环境温度范围内，磁感应强度随温度升高，急剧地线性减少	磁温度补偿元件

表 1.5　常用永磁材料性能和主要用途

种类	系别	性能	主要用途
铸造铝镍钴系永磁材料	各向同性	制造工艺简单，可做成体积大的磁体，但性能是该系列永磁材料中最低的	一般磁电式仪表、永磁电机、磁分离器、微电机、里程表
	热磁处理各向异性	剩磁和最大磁能积大，制造工艺复杂	精密磁电仪器、永磁电机、磁性支座、传感器、微波器件、扬声器
	定向结晶各向异性	性能是该系列永磁材料中最高的，制造工艺复杂，脆性大，容易折断	精密磁电仪器、永磁电机、流量计、微电机磁性支座、传感器、扬声器、微波器件
粉末烧结镍钴永磁材料	各向同性	永磁体表面光洁、密度小、磁性较低，宜作成体积小、磁通均匀性高的永磁体	微电机、永磁电机、继电器、小型仪表
铁氧体永磁材料	各向同性	矫顽力高、回复磁导率小、密度小、电阻率大	永磁点火电机、永磁选矿机、轴承、扬声器、微波器件、磁医疗片
稀土钴永磁材料	各向同性	矫顽力和最大磁能积是永磁材料中最高的，适用于微型或薄片状永磁体	低速转矩马达、力矩马达、传感器、轴承、助听器、电子聚焦装置
塑性磁材料	各向同性	剩磁大，矫顽力低	里程表、罗盘仪

1.3.3　粘接材料

粘接也称胶接，是近几年来发展起来的一种新的连接工艺，特别适用于对异型材料的连接，对金属、陶瓷、玻璃等不同材料之间的连接也特别适用，在这些地方焊接工艺和铆接工艺都无能为力。尤其是在一些不能承受机械力和热影响的地方（例如固定应变片），粘接更有其独到之处。另外在电子仪器的生产和维修过程中也常常用到粘接。

形成良好粘接的三要素是：选择适宜的黏合剂、处理好粘接表面和选择正确的固化方法。

(1) 黏合剂

黏合剂品种比较多，光是金属和金属之间粘接所用的黏合剂，在市场上约有数十种。在商品黏合剂的说明书中往往只注明黏合剂的可用范围，但在具体实践中，对粘接部位往往要考虑到具体条件，如受力情况、工作温度、工作环境等，要根据这些条件选用合适的黏合剂。

① 快速黏合剂　快速黏合剂即常用的501和502胶，成分是聚丙烯酸酯胶。快速黏合剂的渗透性好、粘接快，几秒钟至几分钟即可固化，经过24h就可达到最高强度，可以粘接除聚乙烯、氟塑料以及某些合成橡胶以外的几乎所有材料。快速黏合剂的缺点是接头的韧性差、不耐热。

如图1.19所示，是502胶的实物。

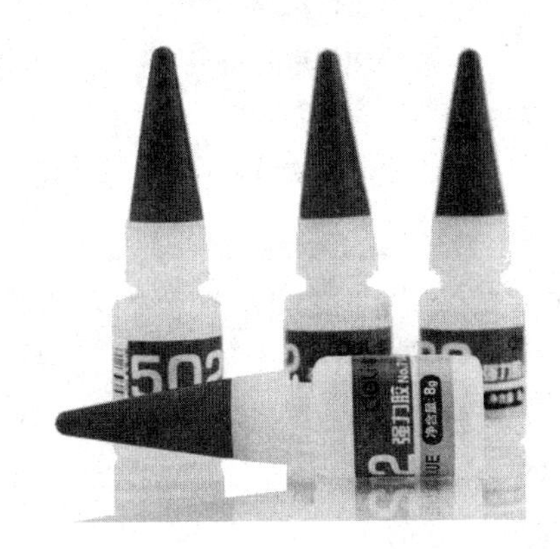

图1.19　502胶的实物

② 环氧类黏合剂　环氧类黏合剂的品种比较多，常用的911、913、914、J-11、JW-1等，其粘接范围广，且有耐热、耐碱、耐潮、耐冲击等优良性能。但不同的产品各有特点，需要根据产品的条件合理选择。环氧类黏合剂大多是双组份胶，要随用随配，并且要求有一定的温度与时间作为固化条件。如图1.20所示，是一款环氧类黏合剂。

图1.20　一款环氧类黏合剂

③ 酚醛-聚乙烯醇类黏合剂　酚醛-聚乙烯醇类黏合剂的品种很多，有201、205、JSF-4、

JS-12 等，可粘接铝、铜、钢、玻璃等，且耐热、耐油。JS-12 的使用温度可达 350℃。J-03、705、JX-7、JX-9、FN303 等黏合剂，可粘接金属、橡胶、玻璃等，而且剪切强度特别高。

如图 1.21 所示，是环氧类黏合剂 201。

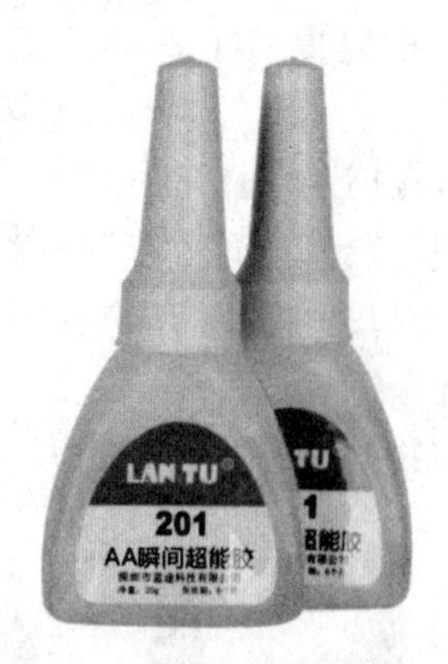

图 1.21 环氧类黏合剂 201

④ 耐低温胶——聚氨酯类黏合剂 聚氨酯类黏合剂也有很多品种，如 JQ-1、101、202、405、717 等。耐低温胶——聚氨酯类黏合剂的粘接范围也很广泛，各种纸、木材、织物、塑料、金属、陶瓷等都可以获得良好粘接，其最大特点是低温性能好。

聚氨酯类黏合剂在固化时需要有一定的压力，并需要经过很长时间才能达到最高强度，适当提高环境温度可缩短固化时间。

如图 1.22 所示，是聚氨酯类黏合剂 101。

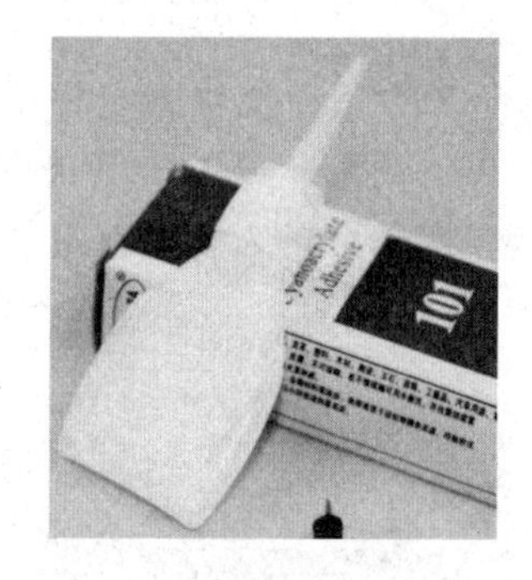

图 1.22 聚氨酯类黏合剂 101

⑤ 耐高温胶——聚酸亚胺类黏合剂 聚酸亚胺类黏合剂的常用牌号有 509、124、130 等。聚酸亚胺类黏合剂可粘接铝合金、不锈钢、陶瓷等。其工作温度可达 300℃，胶膜的绝缘性能也很好。如图 1.23 所示，是聚酸亚胺类黏合剂 509。

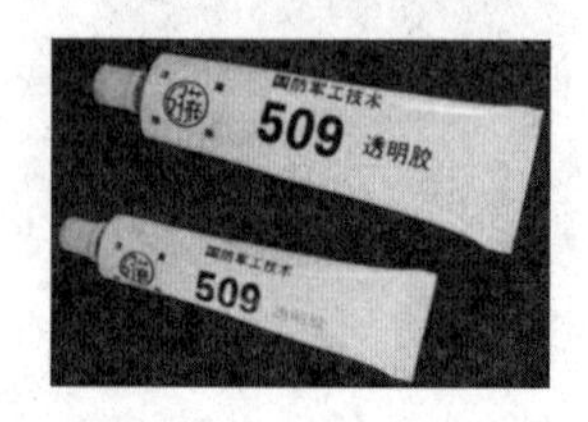

图 1.23 聚酸亚胺类黏合剂 509

(2) 电子工业专用胶

电子工业专用胶是指如下几种材料。

① 导电胶　导电胶有结构型和添加型两种。结构型导电胶是指胶本身具有导电性，添加型导电胶则是指在绝缘的树脂中加入金属导电粉末，例如在树脂中加入银粉、铜粉等配制而成。添加型导电胶的电阻率各不相同，可分别用于陶瓷、金属、玻璃、石墨等制品的机械-电气连接。导电胶成品有701、711、DAD3-DAD6、三乙醇胺导电胶等。如图1.24所示，是一款导电树脂胶。

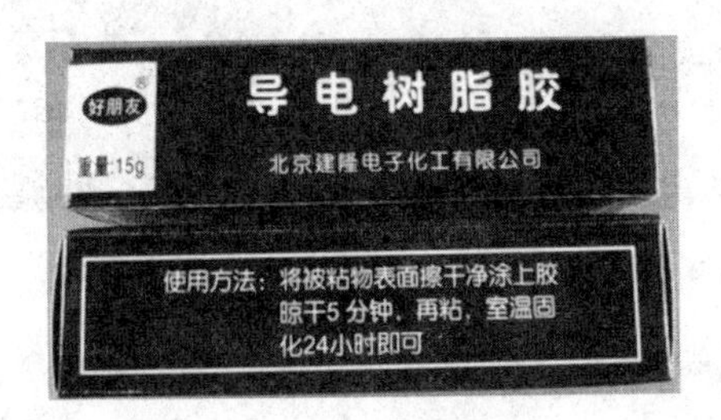

图1.24　一款导电树脂胶

② 导磁胶　导磁胶是在胶黏剂中加入一定的磁性材料，使粘接层具有导磁作用。聚苯乙烯、酚醛树脂、环氧树脂等黏合剂加入铁氧化体磁粉或羰基铁粉等可组成不同导磁性能的导磁胶。导磁胶主要用于铁氧化体零件、变压器等器件的粘接加工。如图1.25所示，是一款导磁胶。

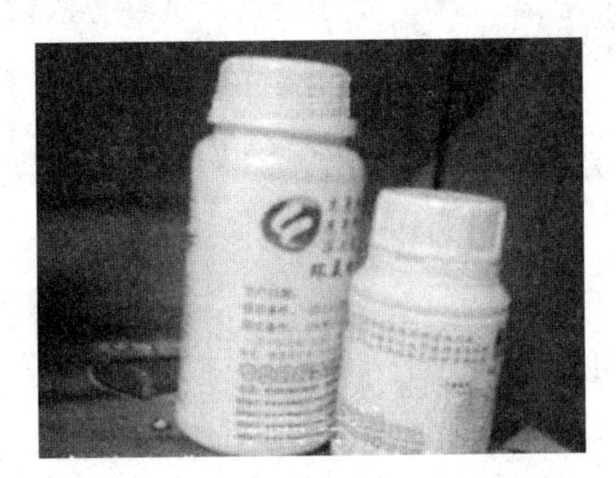

图1.25　一款导磁胶

③ 热熔胶　热熔胶有点类似于焊锡的物理特性，即在室温下为固态，加热到一定温度后成为熔融态，即可进行粘接工件，待温度冷却到室温时就能将工件黏合在一起。热熔胶存放方便并可长期反复使用，其绝缘性、耐水性、耐酸性也很好，是一种很有发展前景的黏合剂。热熔胶的可粘范围包括金属、木材、塑料、皮革、纺织品等。如图1.26所示，是一款热熔胶棒和热熔胶枪。

④ 光敏胶　光敏胶是由光引发固化（如紫外线固化）的一种新型黏合剂，是由树脂类胶黏剂中加入光敏剂和稳定剂等配制而成。光敏胶的特点是固化速度快、操作简单、适于流水线生产，可以用在印制电路板和电子元器件的连接。在光敏胶中加入适当的焊料配制成焊膏，已经用在集成电路的安装工艺中。如图1.27所示，是三种紫外线固化光敏胶。

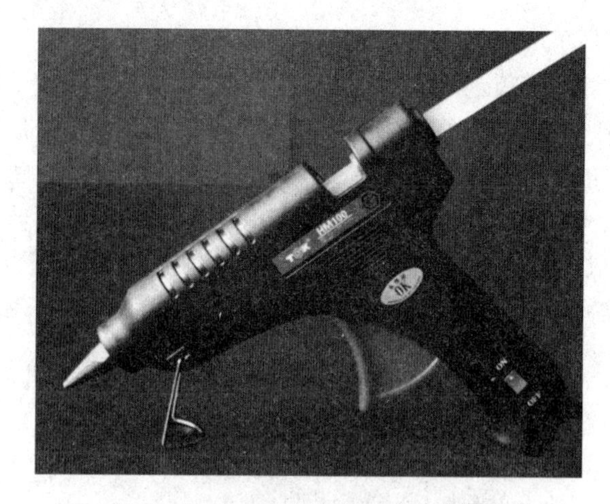

图 1.26　一款热熔胶棒和热熔胶枪

图 1.27　三种紫外线固化光敏胶

1.3.4　材料黏合前的准备工作

（1）材料黏合表面的清洁处理

由于物体之间存在着分子间和原子间的作用力，种类不同的两种材料，当它们紧密靠在一起时，可以产生黏合作用。为了实现黏合剂与工件表面的充分接触，必须要求黏合面相当清洁，所以粘接的质量与黏合面的表面处理紧密相关。

一般看来是很干净的物质的黏合面，由于各种原因，不可避免地存在着杂质、氧化物、水分等污染物，任何高性能的黏合剂，只有在干净的物质表面才能形成良好的粘接层。

① 使用一般清洗剂清洗表面　对要求不高的材料粘接，用酒精、丙酮等溶剂清洗物质表面的油污，待清洗剂挥发后即可进行粘接。

② 使用酸类清洗剂清洗表面　对金属类材料在粘接前应进行酸洗，使用低浓度硫酸或盐酸对金属材料的粘接面进行清洗。

③ 对有些材料需要进行氧化处理　对于有些金属比如铝合金必须进行氧化处理，待铝合金的粘接表面上形成牢固的氧化层后再施行粘接。

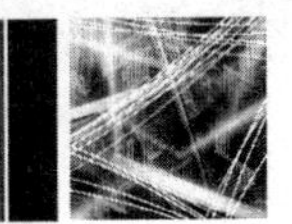

(2) 材料黏合表面的形状处理

① 增大粘接面积　对于有些机械强度不高的粘接材料，需要将接头增大接触面积，而且需用机械方式形成粗糙的表面，然后再施行粘接。

② 根据材料选择接头形式　从理论上说，使用黏合剂后接头的机械强度可以达到粘接材料本身的机械强度，但如果粘接接头的形式选择不合理，仍然会出现粘接质量问题。选择和设计材料的粘接接头形状应考虑到材料的形状，要保证在粘接后有一定的机械强度裕度。如图 1.28 所示，是不同形状粘接材料接头形状设计的例子，其中有的是合适的，有些是不合适的，请大家自己分析一下。

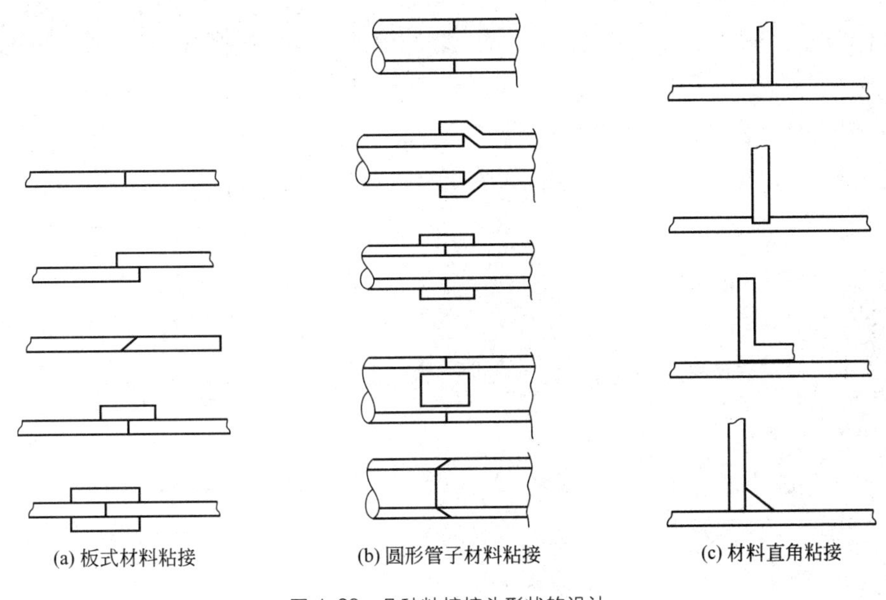

图 1.28　几种粘接接头形状的设计

第②章

常用紧固工具和检测仪器

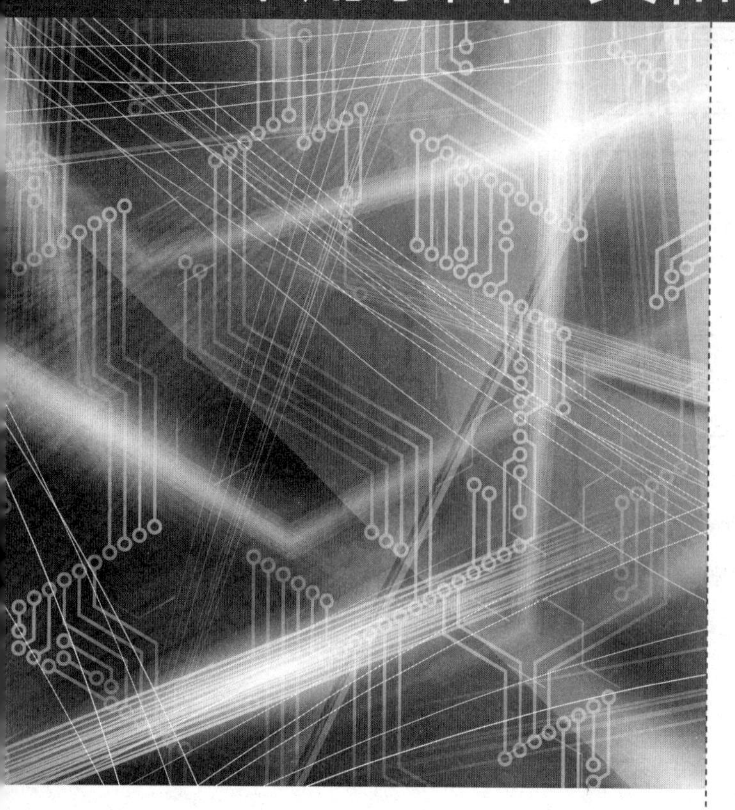

古人都知道："工欲善其事，必先利其器"，由此可见工具的重要性。电子产品的安装是将电子产品的所有零部件按照要求装接到规定的位置上，这不但需要紧固件，更离不开紧固工具。当然也有些电子产品的安装仅需要简单的插接即可。

电子产品的安装质量不仅取决于工艺设计，在很大程度上也依赖于操作人员的技术水平和安装工具。

2.1 紧固工具和紧固件

2.1.1 紧固工具及紧固方法

在电子产品的装配工作中，紧固安装占有很大比例。用螺钉螺母将零部件紧固在各自的位置上，看似简单，但要达到牢固、安全和可靠的要求，则必须对紧固件的规格、紧固工具和操作方法切实掌握。

(1) 紧固工具

紧固螺钉所用的工具有普通螺丝刀（又名螺丝起子、改锥）、力矩螺丝刀、固定式扳手、活动扳手、力矩扳手、套管扳手等。其中螺丝刀又有一字头和十字头之分。如图2.1所示，是一字头和十字头螺丝刀的外形。

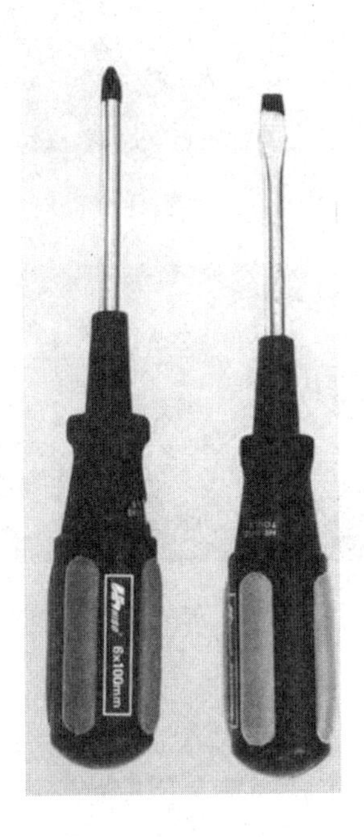

图2.1 一字头和十字头螺丝刀的外形

如图2.2所示，是两款固定式扳手的外形。

如图2.3所示，是活动扳手的外形。

在工业生产中，一般都使用力矩工具，以保证每个螺钉都以最佳力矩紧固。大批量工业生产中均使用电动或气动紧固工具，并且都有力矩控制机构，甚至可以用数字显示力矩的数值。如图2.4所示，是一款用数字显示力矩的内六角扳手的外形。

(2) 最佳紧固力矩

每种尺寸的螺钉都有固定的最佳紧固力矩，使用力矩工具很容易达到要求，但使用一般的工具，则要靠实践经验才能达到最佳紧固力矩。

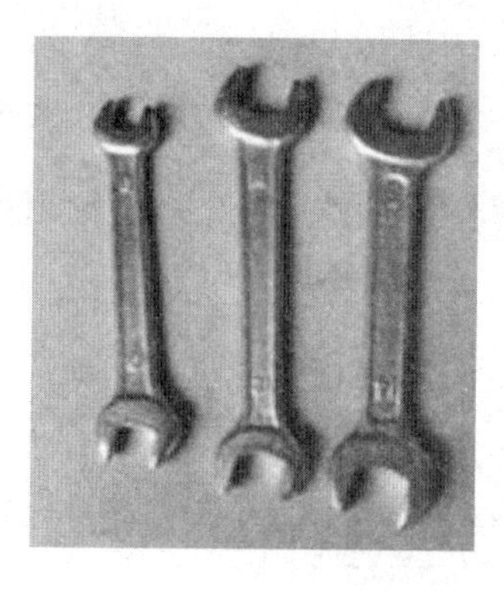

图 2.2　两款固定式扳手的外形

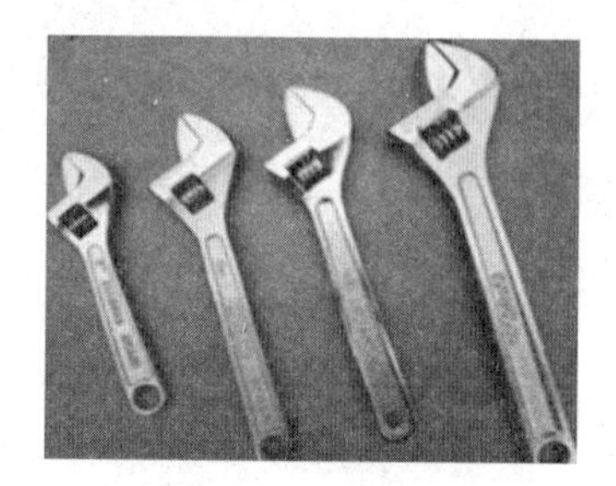

图 2.3　活动扳手的外形

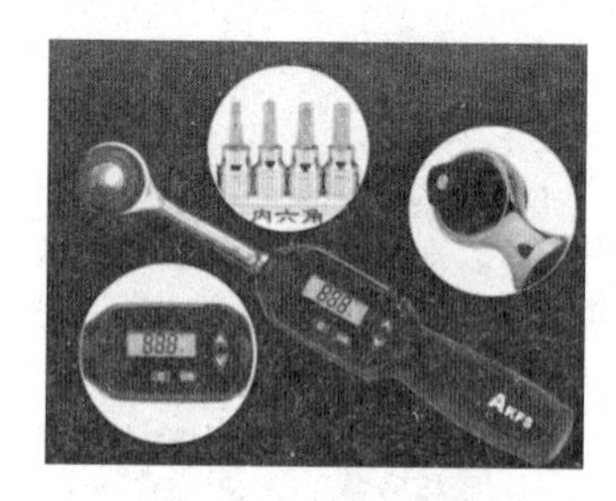

图 2.4　一款可以用数字显示力矩的内六角扳手的外形

（3）紧固方法

使用普通螺丝刀的紧固要领：先用手指尖握住手柄拧紧螺钉，再用手掌拧半圈左右即可。紧固有弹簧垫圈的螺钉时，要求把弹簧垫圈刚好压平即可。

对成组的螺钉紧固，要采用对角轮流紧固的方法，先轮流将全部螺钉预紧（刚刚拧上为止），再按对角线的顺序轮流将螺钉紧固。

2.1.2　紧固件

比较常见的紧固件有螺钉、螺母、螺栓、螺柱、垫圈等。

（1）螺钉

螺钉的品种很多，主要是根据头部的结构和形状命名，常用螺钉的种类有圆头螺钉和平头螺钉、一字槽螺钉和十字槽螺钉、内六角螺钉和内花键螺钉、方头螺钉和锥端紧定螺钉等之分。

如图 2.5 所示，是在电子产品装配中常用的各种螺钉形状的示意图。

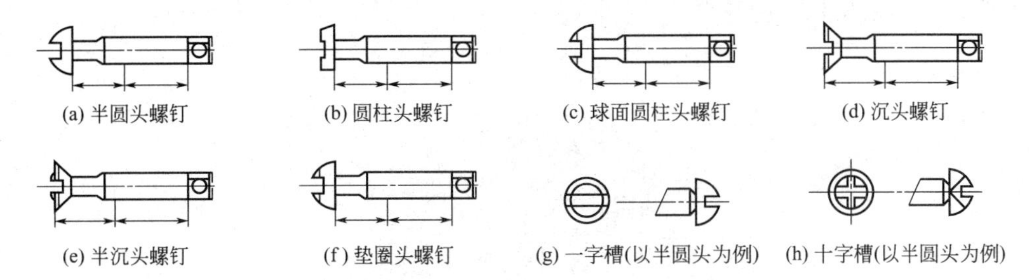

图 2.5　在电子产品装配中常用的各种螺钉

螺钉的规格用直径和长度来标识，例如：M3×12 的螺钉，表示螺钉的外圆直径为 3mm，长度为 12mm。

① 一字槽螺钉和十字槽螺钉　一字槽与十字槽两种螺钉都被广泛使用，由于十字槽螺钉具有对中性好、安装时螺丝刀不易划出的优点，所以十字槽螺钉的使用日益广泛。

② 圆头螺钉和沉头螺钉　一般的连接使用圆头螺钉即可，其价格比较低廉。如图 2.6 所示，是圆头螺钉的外形。

图 2.6　圆头螺钉的外形

当需要保证电子产品的连接面平整时，应该选用沉头螺钉。沉头螺钉的大小合适时，可以使螺钉与连接平面保持同高，并能使连接件准确定位。如图 2.7 所示，是沉头螺钉的外形。

图 2.7　沉头螺钉的外形

③ 内六角螺钉和内花键螺钉　内六角螺钉和内花键螺钉属于特殊螺钉。内六角螺钉和内花键螺钉可施加较大的拧紧力矩，连接强度高，螺钉头部能埋入在零件内，适用于要求结

构紧凑、外形平滑的连接处。拧紧内六角螺钉和内花键螺钉需要使用专用的螺丝起子。如图2.8所示，是内六角螺钉的外形。

图2.8 内六角螺钉的外形

④ 方头螺钉和锥端紧定螺钉　方头螺钉和锥端紧定螺钉也属于特殊螺钉。方头螺钉可施加更大的拧紧力矩，顶紧力大。如图2.9所示，是方头螺钉的外形。

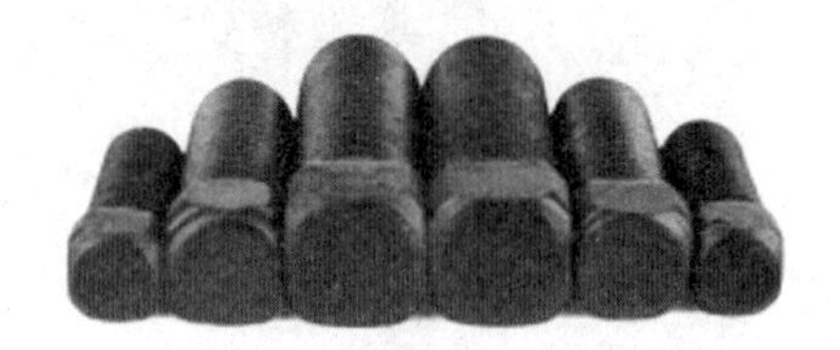

图2.9 方头螺钉的外形

锥端紧定螺钉借助锐利的锥端直接顶紧零件，用于不常拆卸处或顶紧硬度小的零件。如图2.10所示，是锥端紧定螺钉的外形。

图2.10 锥端紧定螺钉的外形

平端紧定螺钉的接触面积大，不划伤零件表面，用于顶紧硬度较大的平面或经常调节位置的场合。如图 2.11 所示，是平端紧定螺钉的外形。

图 2.11 平端紧定螺钉的外形

圆柱端紧定螺钉不伤零件表面，用于经常调节位置或固定装在空心轴（薄壁件）上的零件，可传递较大的载荷。

⑤ 自攻锁紧螺钉和沉头螺钉　自攻锁紧螺钉适用于塑料制品零件的固定，可直接拧入。如图 2.12 所示，是自攻螺钉的外形。

图 2.12 自攻螺钉的外形

⑥ 导电螺钉　作为用于电气连接的螺钉，既要实现紧固，又需要考虑螺钉的载流量，这种螺钉一般用黄铜制造。各种规格螺钉的导电能力见表 2.1。

表 2.1　黄铜螺钉的导电能力

电流范围	<5A	5～10A	7～10A	10～50A	50～100A	100～150A	150～300A
选用螺钉	M3	M4	M5	M6	M8	M10	M12

（2）螺母

螺母具有内螺纹，配合螺钉或螺栓紧固零部件。螺母的种类很多，其名称主要是根据螺母的外形命名，规格用 M3、M4、M5 等标识，即 M3 的螺母应与 M3 的螺钉或螺栓配合使用。

六角螺母配合六角螺栓的应用最普遍。也有的地方采用方螺母配合方头螺栓配套使用。圆螺母多为细牙螺纹，常用于直径较大的连接，一般配用圆螺母止动垫圈，以防止连接松动。

如图 2.13 所示，是六角螺母的外形。

图 2.13　六角螺母的外形

(3) 螺栓

螺栓是通过与螺母配合进行零部件的紧固。六角螺栓用于重要的、装配精度高的以及受较大冲击、振动或变载荷的地方。如图 2.14 所示，是六角螺栓的外形。

图 2.14　六角螺栓的外形

(4) 垫圈

垫圈的种类很多。

① 圆平垫圈　圆平垫圈衬垫在紧固件下用以增加支撑面、遮盖较大的孔眼以及防止损伤零件表面。圆垫圈和小圆垫圈多用于金属零件上。大圆垫圈多用于木制零件上。如图 2.15 所示，是圆平垫圈的外形。

图 2.15　圆平垫圈的外形

图 2.16　内齿弹性垫圈的外形

② 弹性垫圈　弹性垫圈有内齿弹性垫圈和外齿弹性垫圈之分。内齿弹性垫圈用于头部尺寸较小的螺钉头下，能可靠地阻止紧固件松动。如图 2.16 所示，是内齿弹性垫圈的外形。

外齿弹性垫圈多用于比较大的螺栓头和螺母下，能可靠地阻止紧固件松动。如图 2.17 所示，是外齿弹性垫圈的外形。

图 2.17　外齿弹性垫圈的外形

③ 止动垫圈　止动垫圈有圆螺母止动垫圈和单耳止动垫圈之分。圆螺母止动垫圈与圆螺母配合使用，主要用于滚动轴承的固定。如图 2.18 所示，是圆螺母止动垫圈的外形。

图 2.18　圆螺母止动垫圈的外形

单耳止动垫圈允许螺母拧紧在任意位置加以锁定，用于紧固件靠近机件边缘处。如图 2.19 所示，是单耳止动垫圈的外形。

图 2.19　单耳止动垫圈的外形

2.2 常用检测仪器仪表及其使用

2.2.1 指针式万用表

万用表是从事电子技术工作使用最多的测量工具。万用表可测量直流电流、直流电压、交流电压、电阻和音频电平等，有的万用表还可以测量交流电流、电容量、电感量、温度及半导体（二极管、三极管）的一些参数。

万用表分为指针式万用表和数字万用表两类，最近还出现了一种带有示波器功能的示波万用表，是一种多功能、多量程、多显示的测量仪表。

(1) 指针式万用表的组成

指针式万用表由指针式表头、测量电路及选择开关等主要部分组成，还有两只表笔。万用表的表笔分为红、黑二只，使用时应将红色表笔插入标有“＋”号的插孔，黑色表笔插入标有“－”号的插孔。

指针式万用表内一般有两块电池，专用于测量电阻时使用。一块电池是2号电池，电压是1.5V；另一块电池是层叠电池，电压是9V，专门用于R×10kΩ挡。

万用表的挡位打在电阻挡时，用R×1Ω挡，可以使扬声器发出响亮的“哒哒”声，用R×10kΩ挡甚至可以点亮发光二极管（LED）。

(2) 指针式万用表表头刻度线的读法

指针式万用表的表头就是一只高灵敏度的磁电式直流电流表。在表头上的表盘上印有多种符号、刻度线和数值。符号：A-V-Ω，表示这只电表是可以测量电流、电压和电阻的多用表。

表头上有四条刻度线，它们的功能如下：第一条刻度线（从上到下）标有R或Ω，指示的是电阻值，转换开关打在欧姆挡时，应该读此条刻度线。电阻刻度线的右端为零，左端为∞，刻度值的分布是不均匀的。

第二条刻度线标有“～”和VA，指示的是交流电压、直流电压和直流电流值共用的刻度线。当转换开关打在交流电压挡、直流电压挡或直流电流挡时，量程在除交流10V以外的其他位置时，应该读此条刻度线。

第三条刻度线标有10V，指示的是量程为10V的交流电压值，当转换开关打在交流电压挡，量程在交流10V时，应该读此条刻度线。

第四条刻度线上标有dB，指示的是音频电平。

在表头上还设有机械零位调整旋钮和电调零调整旋钮。机械零位调整旋钮用以校正指针在最左端的零位，电调零调整旋钮用以在测量电阻时校正指针在最右端的零位。

(3) 测量电路的作用

测量电路是用来把各种被测量转换到适合表头测量的微小直流电流的电路，它由电阻、半导体元件及电池组成。测量电路能将电流、电压、电阻等被测量，经过一系列的处理（如整流、分流、分压等）统一变成一定量限的微小直流电流，再送入表头进行测量指示。

(4) 选择开关的作用

万用表的选择开关是一个多挡位的旋转开关，其作用是用来选择各种不同的测量电路，以满足不同种类和不同量程的测量要求。转换开关一般是一个圆形拨盘，在其周围分别标有功能和量程。

在万用表的测量项目中，直流电流、直流电压、交流电压、电阻这四个测量项目又分别细划为几个不同的量程以供选择，可以使测量的精度更高。

(5) MF-47 型万用表的操作

在电子行业最常用的指针式万用表是 MF-47 型万用表，如图 2.20 所示，是 MF-47 型万用表的外形。

图 2.20 MF-47 型万用表的外形

① 使用 MF-47 型万用表进行测量前需要先做的准备工作

a. 机械调零。使用前必须调节表盘上的机械调零螺钉，使表针指准最左端的零位刻度线。

b. 插孔选择。将红表笔插入标有“＋”符号的插孔，将黑表笔插入标有“－”符号的插孔。

c. 测量挡位及量程选择。根据不同的被测物理量将转换开关旋转至相应的位置。合理选择量程的标准是：测量电流和电压时，应使表针偏转至满刻度的 1/2 或 2/3 以上；测量电阻时，应使表针偏转至中心刻度值到满刻度的 2/3 为好。

② 使用 MF-47 型万用表测量电压　首先要注意的是必须将万用表的两只表笔与被测电路并联才能进行电压的测量。

测量直流电压时，应将红表笔接电路的高电位、黑表笔接电路的低电位。若无法区分电路的高低电位，应先将一只表笔接一端，用另一只表笔断续式触碰另一端，若表针反偏，则说明表笔接反。

在测量高电压（500～2500V）时，测量人员应戴上绝缘手套，站在绝缘垫上进行，并且必须使用专用的高压测量表笔，将其插在专用的测量高压插孔中。

③ 使用 MF-47 型万用表测量电流　首先要注意的是必须将万用表的两只表笔与被测电路串联才能进行电流的测量。

测量直流电流时，将万用表的两只表笔串联接入被测回路中，应使电流由红表笔流入、由黑表笔流出万用表。在测量过程中，不许带电换挡。

当需要测量大电流（10A）时，应将红表笔插在专用的测量大电流插孔中。测量完毕后，必须先断开电源后再撤掉表笔。

④ 使用 MF-47 型万用表测量电阻器　当电阻器的阻值标志因某种原因脱落或欲知道其精确阻值时，就需要用仪器对电阻的阻值进行测量。对于常用的碳膜电阻器、金属膜电阻器以及线绕电阻器的阻值，可用指针式万用表的电阻挡直接测量。测量的操作步骤如下。

a. 合理选择量程。先将万用表的功能选择置于“Ω”挡，由于指针式万用电表的电阻挡刻度线是一条非均匀的刻度线，因此必须选择合适的量程，使被测电阻的指示值尽可能位于刻度线的 0 刻度到全程 2/3 的这一段位置上，这样可提高测量的精度。对于大于 100kΩ 的电阻（位）器，则应选用 R×10k 挡来进行测量。

b. 注意电调零。所谓“电调零”就是将万用表的两只表笔短接，调节“Ω 调零”旋钮，使表针指向表盘最左端的“0Ω”位置上。

c. 电位器的测量方法。首先使用万用表的欧姆挡测量电位器的总阻值，即左右两端片之间的阻值，总阻值应为电位器上的标称值左右，然后再测量电位器的阻值变化情况。

将一只表笔接电位器的中心端片，另一只表笔接左右两端片中的任意一个，慢慢将电位器的转柄从一个极端位置旋转至另一个极端位置，则表头指针应从零（或从标称值）连续变化到标称值（或到零），中间不应出现指针跳变的现象。

2.2.2　数字式万用表

数字式万用表的量程范围宽、测量精度高、测量速度快，不但以数字形式直接显示测量结果，还能向外输出数字信号，可与其他存储、记录、打印设备相连接，是一种已经被广泛使用的测量仪器。

（1）数字式万用表的组成

数字式万用表由液晶式显示器、测量电路及选择开关等主要部分组成，也有红、黑两只表笔，测量时应将黑色表笔插入标有“COM”的插孔中，红色表笔则有三个插孔可选择：20A、mA 和 VΩ，分别用于测量大电流、小电流、电压和电阻时插入。如图 2.21 所示，清楚地显示了数字万用表的四个插孔。

图 2.21　数字万用表的四个插孔

数字表使用一块层叠电池（6V 或 9V）供电，没有电池，数字万用表是不能工作的。指针式万用表在没有电池的情况下，还可以测量电压和电流。

① 液晶显示器　数字万用表的表头是一块液晶显示器，在液晶显示器的背后还有一只 A/D（模拟/数字）转换芯片和一些外围电子元件。

② 测量电路　数字万用表的测量过程是先由电路将各种被测量转换成直流电压信号，再由模/数（A/D）转换器将直流电压转换成数字量，然后通过电子计数器对其计数，最后把测量结果用数字直接显示在液晶显示屏上。

③ 选择开关　数字万用表的选择开关也是一个多挡位的旋转开关，其作用是用来选择各种不同的测量电路，以满足不同种类和不同量程的测量要求。转换开关一般是一个圆形拨盘，在其周围分别标有功能和量程。

在数字万用表的测量项目中，电流、电压、电阻这三个测量项目又分别细划为多个不同的量程以供选择，可以使测量的精度更高。

(2) 数字万用表的精度

很多人都知道称呼数字万用表的时候总是说这是一块几位半的表，这是怎么回事呢？原来数字式万用表的精度是用液晶显示器的位数来表示的。比如某块数字万用表有四位数字显示，但最左边的高位只能显示 0 和 1 两个数字，而其余的低三位则能显示从 0 到 9 十个数字，这样的表就叫做三位半表。如图 2.22 所示，就是一款三位半的数字万用表。

在工程上一般使用的都是三位半表，在实验室里可以采用四位半表。五位半的数字表是作为标准表来用的，用以校验位数低的数字表。如图 2.23 所示，就是一款四位半的数字万用表。液晶显示器的位数越多，则这块数字万用表的测量精度就越高，当然价格就越贵。

三位半表和四位半表的价格相差很大，所以有的厂家就推出了所谓 $3\frac{3}{4}$ 位数字表，其最高位可以显示 0、1、2、3 四个数字，相当于扩大了测量范围，但是其测量精度是不变的，

图 2.22　一款三位半的数字万用表

图 2.23　一款四位半的数字电流表

所以其价格也比较低廉。市场上有一款 F15B 型数字万用表，就是一块 $3\frac{3}{4}$ 位表，其外形如图 2.24 所示。

(3) 数字万用表的功能

数字万用表不仅可以测量直流电压（DCV）、交流电压（ACV），直流电流（DCA）、交流电流（ACA）、电阻（Ω）、二极管正向压降（VF）、晶体管发射极电流放大系数（hrg），还能测电容量（C）、电导（ns）、温度（T）、频率（f），并增加了用以检查线路通断的蜂鸣器挡（BZ）、低功率法测电阻挡（L0Ω）。

有的数字万用表还具有测量电感挡和 AC/DC 自动转换功能，有的数字万用表还可以当做信号发生器使用等。

图2.24　F15B型$3\frac{3}{4}$位数字万用表的外形

有些高挡的数字万用表还增加了一些新颖实用的测试功能，比如读数保持（HOLD）、逻辑测试（LOGIC）、真有效值（TRMS）、相对值测量（RELΔ）和自动关机（AUTO OFF POWER）功能。

但数字式万用表由于内部电路采用集成电路所以其过载能力较差，损坏后一般也不易修复。另外数字式万用表的输出电压较低（通常不超过1V），对于测试一些电压特性特殊的元件不太方便（如测量可控硅、发光二极管等）。而指针式万用表的输出电压较高，输出电流也大，可以方便地测量如可控硅、发光二极管等元器件，这也是为什么现在还在使用指针式万用表的原因。

对于初学者而言，应当先学习使用指针式万用表，对于非初学者应当使用指针式万用表和数字式万用表两种仪表。

(4) DT-830型数字万用表的操作

① DT-830型数字万用表的结构　DT-830型数字万用表是普及型$3\frac{1}{2}$位袖珍式液晶显示数字万用表。如图2.25所示，是DT-830型数字万用表的面板图。

DT-830型数字万用表使用一节9V的层叠电池供电，其前后面板上包括液晶显示器、电源开关、量程选择开关、h_{fe}插口、表笔输入插孔和电池盒。

a. 液晶显示器。DT-830型数字万用表采用FE型大字号液晶显示器，最大显示值为“1999”或“－1999”，且具有自动调零和自动显示极性功能。如果被测电压或者电流的极性为负，就会在显示值的前面出现负号“－”。当层叠电池的电压低于7V时，在显示屏的左上方会显示低电压指示符号。信号超量程时会显示“1”或“－1”，视被测量信号的极性而定。显示数字中的小数点由量程开关进行同步控制，使小数点自动进行左移或者右移。

b. 电源开关。电源开关位于DT-830型数字万用表面板的左上方，标有字母“POWER”（电源）字样，下边注有“OFF（关）”和“ON（开）”。把电源开关拨至

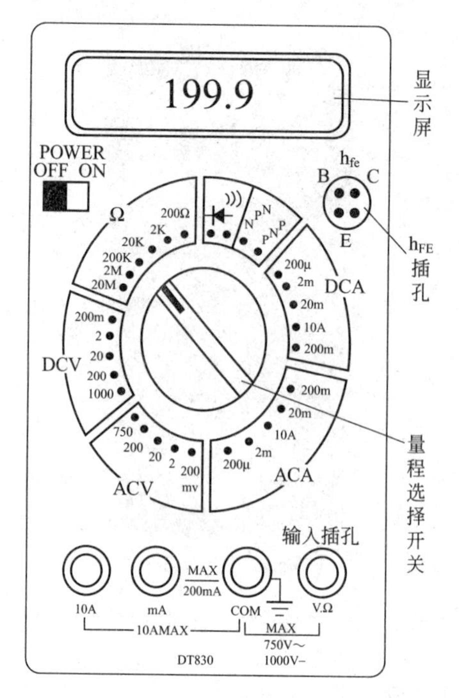

图 2.25　DT-830 型数字万用表的面板

“ON”，即接通电源，可使用仪表进行测量。测量完毕后，应将开关拨到“OFF”的位置，以免空耗电池。DT-830 采用 9V 层叠电池供电，总电流约为 2.5mA，整机功耗约为 17.5～25mW，一节层叠电池可连续工作 200 小时，或断续使用一年左右。

c. 量程开关。DT-830 型数字万用表的量程开关为 6 刀 28 掷，可同时完成测量功能和量程的选择。

d. h_{fe}插口。h_{fe}插口是测量晶体三极管电流放大倍数的专用插口，测量时，需要将三极管的发射极、基极和集电极插入对应的 E、B、C 孔内，才能得到正确的测量结果。

e. 表笔输入插孔。DT-830 型数字万用表共有“10A”、“mA”、“COM”、“V・Ω”四个插孔。黑表笔应该始终插在“COM”孔内，红表笔则应根据具体得测量对象插入不同的孔内。在 DT-830 型数字万用表的面板下方，还有“10AMAX”、 “MAX200mA”和“MAX750～1000V”标记，前者表示在对应的插孔间所测量的电流值不能超过 10A 或 200mA；后者表示被测的交流电压值不能超过 750V，被测的直流电压值不能超过 1000V。

f. 电池盒。DT-830 型数字万用表电池盒位于其后盖的下方。在标有“OPEN”（打开）的位置，按箭头指示方向拉出活动插板，即可更换电池，为了检修方便，电路中的 0.5A 快速熔丝管“FUSE”也装在电池盒内。

② DT-830 型数字万用表的使用方法

a. 电压的测量。将红表笔托插入“V・Ω”孔内，合理选择直流或交流挡位及电压量程。将 DT-830 型数字万用表的两只表笔与被测电路并联，即可进行测量。注意选择合适的量程，不同的量程，其测量精度不同，不要用高量程挡去测量小电压，否则将会出现较大的误差。

b. 电流的测量。将红表笔插入“mA”或“10A”插孔（根据被测量值的大小），合理

选择交流或直流挡位和量程，再把数字万用表的两只表笔串联接入被测电路，即可进行测量。

c. 电阻的测量。将红表笔插入“V·Ω”孔内，合理选择量程，即可进行测量。

d. 二极管的测量。将红表笔插入“V·Ω”孔内，量程开关转至标有二极管符号的位置，将DT-830型数字万用表的两只表笔与被测二极管并联，则显示出来的是二极管的正向导通压降。若接法是正向连接时，正常硅材料二极管的正向导通电压值为0.5～0.8V，正常锗材料二极管的正向电压值为0.25～0.3V。当接法是反向连接时，若二极管正常，将出现满度值“1”；若二极管损坏，将显示“000”。

e. 三极管电流放大倍数的测量。根据被测三极管类型（PNP或NPN）的不同，把量程开关转至“PNP”或“NPN”处，再把被测的三极管的三个脚插入相应的E、B、C孔内，此时，显示屏将显示三极管的电流放大倍数的数值。但因为DT-830型数字万用表测量三极管电路的工作电压仅为2.8V，因此，测量值将偏高，显示的三极管电流放大倍数只是一个近似值。

f. 电路通断的测量。将红表笔插入“V·Ω”孔内，量程开关转至标有“)))”符号的位置，将两只表笔触及被测电路的两端，若表内的蜂鸣器发出叫声，则说明被测电路是通的；若表内的蜂鸣器没有发出叫声，则说明被测电路处于不通状态。

2.2.3 电子毫伏表

(1) 电子毫伏表的用途

顾名思义，电子毫伏表的用途是测量毫伏级的交流电压，例如从电视机和收音机的天线输入的电压、电路中放级的电压等，测量的最小量程是10mV。而一般万用表的交流电压挡只能测量1V以上的交流电压。

电子毫伏表只能用来测量正弦交流信号的有效值，若测量非正弦交流信号要经过换算才能得到准确的数值。

更为重要的是，使用万用表测量交流电压的频率一般不超过1kHz，像指针式万用表测量交流电压时，只对50Hz的交流电压有效，对其他频率的交流电压就测不准了。而电子毫伏表可以测量20Hz～1MHz的正弦波信号电压。所以电子毫伏表是测量音频放大电路和视频放大电路必备的仪表之一。

电子毫伏表也分为指针式和数字式两种。如图2.26所示，是一款指针式电子毫伏表的外形。

(2) 指针式电子毫伏表的使用

在使用电子毫伏表测量之前和测量过程中，应该按照以下步骤进行操作。

① 短路调零　打开电源开关，将测试线（也称开路电缆）的红黑夹子夹在一起，将量程旋钮旋到1mV量程，指针应指在零位，有的毫伏表可通过面板上的调零电位器进行调零，凡面板无调零电位器的，内部设置的调零电位器已调好。若指针不指在零位，应检查测试线是否断路或接触不良，应更换测试线。

② 防止自起　电子毫伏表的灵敏度极高，打开电源后，在较低的量程时由于受感应信号的作用，电子毫伏表的指针会发生偏转，这个现象称为自起。所以在打开电源之前时，应

图 2.26　一款指针式电子毫伏表的外形

将量程旋钮旋到高量程挡，以防打弯指针。

③ 保持接地　将电子毫伏表接入被测电路时，其接地端的黑夹子应始终接在电路的地上，成为公共接地，以防其他信号干扰。

④ 量程由大到小　当调整测量信号时，应先将电子毫伏表的量程旋钮旋到较大量程，改变完信号后，根据测量结果，再逐渐减小电子毫伏表的量程。

⑤ 分刻度读数　电子毫伏表的读数也很有讲究，当量程开关置于 10mV、100mV、1V 挡时，要从满刻度为 1 的上刻度盘读数；当量程开关置于 30mV、300mV、3V 等挡时，要从满刻度为 3 的下刻度盘读数。刻度盘的最大值（即满量程值）为量程开关所处挡的指示值。如量程开关置 1V，则上刻度盘的满量程值就是 1V。这样的读数比较准确。

如图 2.27 所示，给出了 YB2173 型电子毫伏表的面板图，可以看到 0～1 刻度线和 0～3 刻度线，还有各个挡位的分布情况。

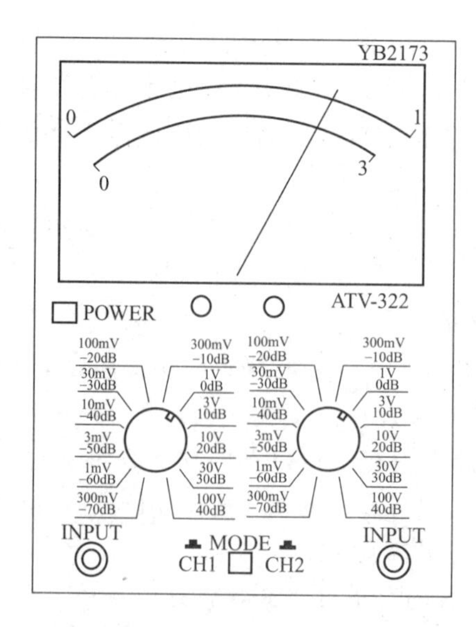

图 2.27　YB2173 型电子毫伏表的面板图

(3) 数字式电子毫伏表的使用

现在数字式电子毫伏表也基本普及，尤其是已经问世的智能数字化电子毫伏表是比较高级的测量高频交流电压的仪器，它一般采用液晶或者数码管进行数字显示，其技术指标比模拟式电子毫伏表大大提高。如图 2.28 所示，是 WY1971D 型智能数字化电子毫伏表的外形。

图 2.28　WY1971D 型智能数字化电子毫伏表的外形

① WY1971D 型智能数字化电子毫伏表　WY1971D 型智能数字化电子毫伏表能测量频率从 5Hz～2MHz 的正弦波电压有效值和相应的电平值，电压测量范围从 30μV～1000V，分辨率为 0.1μV，是目前国内生产此类产品的最高水平。

WY1971D 配有液晶（LCD）显示屏，采用菜单式显示多参数，可实现量程自动调整。

② WY1971D 智能数字化毫伏表的操作方法　WY1971D 智能数字化毫伏表是基于 CPU 控制的智能数字化仪器，能实现量程自动转换，所以在操作时，只要将两个探头接在被测电极上，就能从显示屏上直接显示被测量信号的参数，使用非常方便。

2.2.4　信号发生器

信号发生器又称为信号源，它可以给被测设备提供各种不同频率的正弦波信号、方波信号、三角波信号等，信号的幅值可按需要进行调节，然后由其他的测试仪器观测被测设备的输出响应。

(1) 信号发生器的用途

信号发生器的用途主要有以下三个方面。

① 用作激励源　用信号发生器产生的信号作为某些电子设备的激励信号。

② 用作信号仿真　在电子设备的测量中，常需要产生模拟实际环境相同特性的信号，如干扰信号等，这时可利用信号发生器产生模拟干扰信号，对电子设备进行仿真测量。

③ 用作校准源　高级信号发生器产生的一些标准信号，可用于对一般的信号源进行校准或比对。

(2) 信号发生器的类型

信号发生器一般可分为通用信号发生器和专用信号发生器两大类。专用信号发生器是为某种特殊用途而设计生产的仪器，能提供特殊的测量信号，如电视信号发生器、调频信号发生器等。

如图 2.29 所示，是一款彩色电视信号发生器的外形，它属于专用信号发生器。

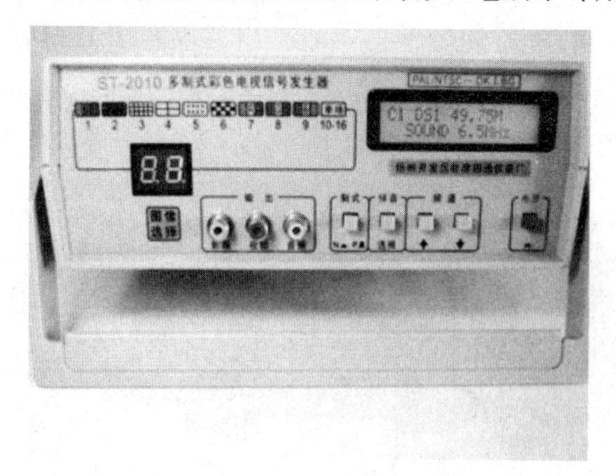

图 2.29 一款彩色电视信号发生器的外形

通用信号发生器具有广泛而灵活的应用性，按输出波形可分为正弦波信号发生器、函数信号发生器、脉冲信号发生器等。

正弦波信号发生器在电子系统的测试中应用最广，因为正弦波信号经过线性系统之后，若该线性系统良好，则输出仍为同频的正弦波信号，只是正弦波信号的幅值和相位有所变化。

函数信号发生器现在用的越来越多，因为它不仅可以产生多种波形的信号，而且信号的频率范围也比较宽。

脉冲信号发生器主要用来测量数字电路的工作性能和测量模拟电路的瞬态响应。

如图 2.30 所示，是一款数字函数信号发生器的外形，它能产生 0.2Hz～2MHz 的正弦波信号、方波信号和三角波信号，它属于通用信号发生器。

图 2.30 一款数字函数信号发生器的外形

通用信号发生器根据其工作频率的不同，可分为超低频、低频、视频、高频、甚高频、超高频几大类。信号发生器的工作频率范围见表 2.2。

表 2.2 各种信号发生器的频率范围

类型	频率范围	主要应用
超低频信号发生器	0.0001Hz～1kHz	电声学、声呐
低频信号发生器	1Hz～1MHz	低频电子技术
视频信号发生器	20Hz～10MHz	无线电广播
高频信号发生器	200kHz～30MH	高频电子技术
甚高频信号发生器	30MHz～300MHz	电视、调频广播
超高频信号发生器	300MHz 以上	雷达、导航、气象

(3) 低频信号发生器的使用

低频信号发生器的输出频率范围通常为 20Hz～20kHz，所以又称为音频信号发生器。现代生产的低频信号发生器的输出频率范围已延伸到 1Hz～1MHz 频段，且可以产生正弦波、方波及其他波形的信号。

低频信号发生器广泛用于测试低频电路、音频传输网络、广播和音响等电声设备，还可为高频信号发生器提供外部调制信号。

尽管低频信号发生器的型号很多，但它们的使用操作方法基本相同。可按照下列步骤进行。

① 熟悉面板旋钮功能　低频信号发生器的面板通常按功能进行分区，一般包括：波形选择开关、输出频率调节（包括波段选择、频率粗调、频率细调）、幅度调节旋钮（包括幅度粗调、幅度细调）、阻抗变换开关、电压指示表及量程选择、输出接线柱等。

② 做好事先调节　先将“幅度调节”旋钮调至最小位置（逆时针旋到底），开机预热五分钟，待仪器工作稳定后方可投入使用。然后按照需要来选择合适的频率波段，将频率度盘的“粗调”旋钮调至相应的频率点上，而频率的“微调”旋钮一般置于零位。

再根据外接负载阻抗的大小，调节“阻抗变换”开关到相应的挡级，以便获得最佳的负载阻抗匹配，否则当仪器的输出阻抗与负载阻抗失配过大时，将会引起输出功率减小、输出波形失真大等现象。

根据外接负载电路的不同输入方式，用短路片对信号发生器的输出接线柱的接法进行变换，以实现相应的平衡输出或不平衡输出。

低频信号发生器都有两组输出端子。一组是电压输出插座，它通常输出 0～5V 的正弦信号电压；另一组是功率输出接线柱，它有输出Ⅰ、输出Ⅱ、中心端和接地四个接线柱，如图 2.31 所示。

当用短路片将输出Ⅱ和接地柱连接时，信号发生器的输出为不平衡式；当用短路片将中心端和接地柱相连接时，信号发生器的输出为平衡式。

③ 输出电压的调节　通过调节“幅度调节”旋钮可以得到相应大小的输出电压。

(4) 高频信号发生器的使用

高频信号发生器也称射频信号发生器，通常产生 200kHz～30MHz 的正弦波或调幅波信号，在测量高频电子线路的工作特性如各类高频接收机的灵敏度、选择性等应用较广。目前，高频信号发生器的频率已延伸到 300MHz 的甚高频信号范围。

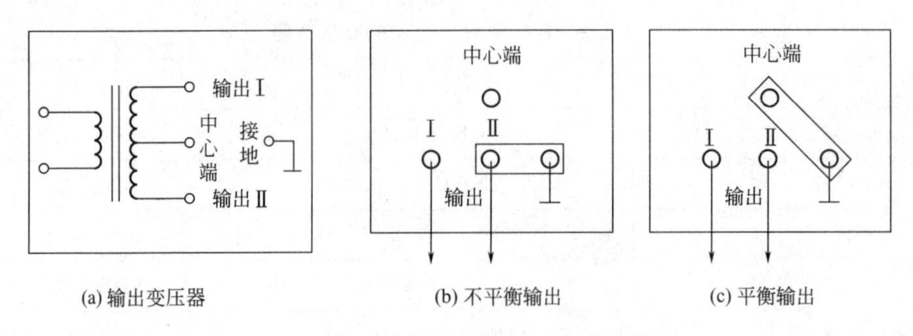

图 2.31　低频信号发生器的功率输出端及其接法

① 高频信号发生器的旋钮功能　不同型号的高频信号发生器的使用方法略有差异，但是除载波频率范围、输出电压、调幅信号频率大小等有些差异外，它们的基本操作方法是类似的。下面以应用广泛的 XFG-7 型高频信号发生器为例，介绍调幅高频信号发生器的旋钮功能。

XFG-7 型调幅高频信号发生器面板图如图 2.32 所示。

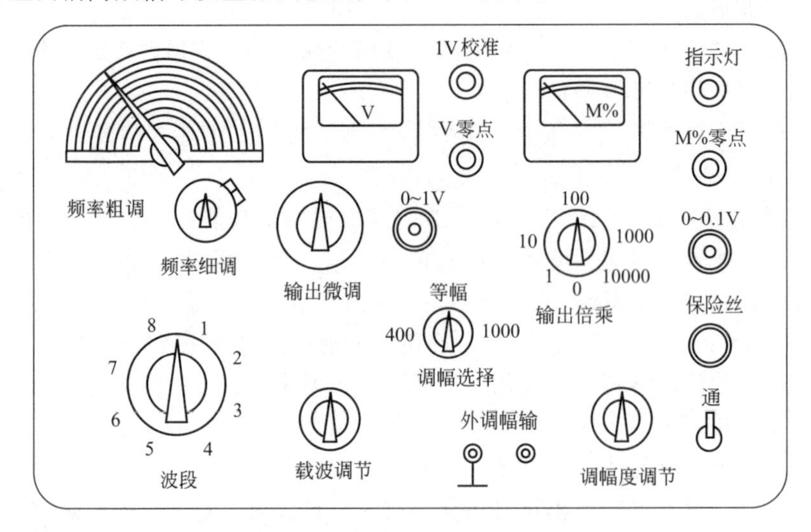

图 2.32　XFG-7 型高频信号发生器的面板图

主要旋钮开关的功能如下。

a. 波段开关。波段开关的作用是变换高频信号发生器的工作频段，分 8 个频段，与频率调节度盘上的 8 条刻度线相对应。

b. 频率调节旋钮。频率调节旋钮的作用是在每个频段中连续地改变信号的频率，可先调节“粗调”旋钮到需要的频率附近，再用“细调”旋钮调节到准确的频率上。

c. 载波调节旋钮。载波调节旋钮的作用是改变载波信号的幅度值，一般情况下，应该调节它使电压表指针指在 1V 上。

d. 输出倍乘开关。输出倍乘开关用来粗调输出电压的幅度，共分 5 挡：1、10、100、1000 和 10000。当电压表准确地指在 1V 红线上时，从 0～0.1V 插孔输出的信号电压幅度，就是微调旋钮上的读数与这个开关上倍乘数的乘积，单位为 μV。

e. 输出微调旋钮。输出微调旋钮用以细调输出信号（载波或调幅波）的幅度，共分 10 大格，每大格又分成 10 小格，这样便组成一个 1∶100 的可变分压器。

f. 调幅选择开关。调幅选择开关用以选择输出信号是等幅信号还是调幅信号。当开关在等幅挡时，输出为等幅正弦波信号；当开关在 400Hz 挡或 1000Hz 挡时，输出分别为调制频率是 400Hz 或是 1000Hz 的调幅波信号。

g. 外调幅输入接线柱。当需要频率为 400Hz 或 1000Hz 以外的调幅波时，可由此接线柱输入调制信号，此时调幅选择开关应置于等幅挡。当连接不平衡式的信号源时，应该注意标有接地符号的黑色接线柱表示接地。

h. 调幅度调节旋钮。用以改变内调制信号发生器的输出信号的幅度。当载波频率的幅度一定时（1V），改变调制信号的幅度就是改变输出高频调幅波的调幅度。

i. 0～1V 输出插孔。当电压表指示值保持在 1V 红线上时，调节“输出微调”旋钮改变输出电压，实际输出电压值为微调旋钮所指读数的 1/10，最大为 1V。

j. 0～0.1V 输出插孔。当电压表指示值保持在 1V 红线上时，从这个插孔输出的实际输出电压值为所指读数的 1/100，最大为 0.1V。

② XFG-7 型调幅高频信号发生器的输出信号选择　XFG-7 型调幅高频信号发生器可以选择下列信号输出。

a. 等幅正弦波输出；

b. 调幅正弦波输出；

c. 方波信号输出；

d. 三角波信号输出。

现代生产的函数信号发生器一般都具有调频调制和调幅调制等功能，有的函数信号发生器还具有压控频率（VCF）特性。

2.2.5　万用电桥

万用电桥实际上是个多用途的精密测量仪器，可以准确地测量电阻器的阻值、电感器和电容器的多个参数。QS18A 型万用电桥是目前国内使用量最大的万用电桥，如图 2.33 所示，是 QS18A 型万用电桥的实物。

图 2.33　QS18A 型万用电桥的实物

使用万用电桥测量电阻、电感和电容的连接电路原理图如图 2.34 所示。

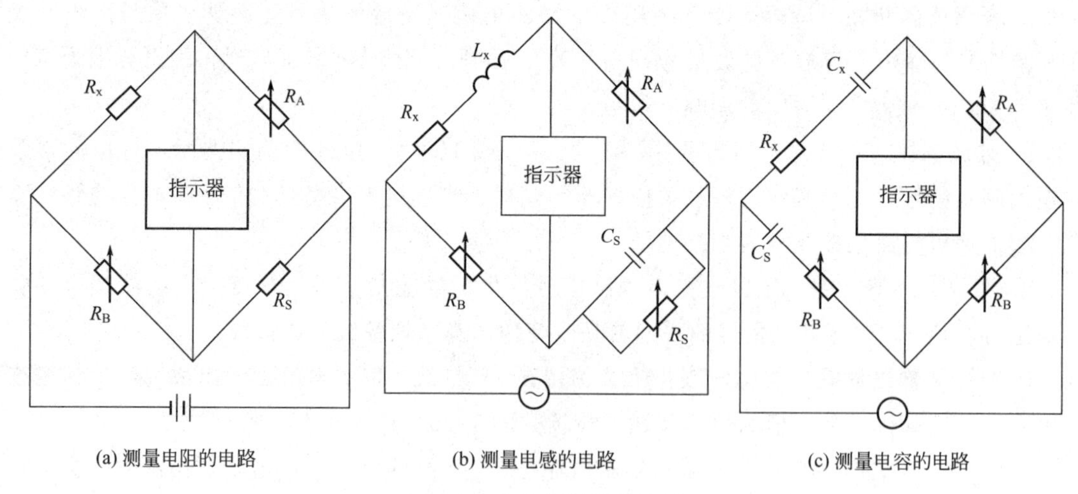

(a) 测量电阻的电路　(b) 测量电感的电路　(c) 测量电容的电路

图 2.34　万用电桥的测量电路

(1) 测量电阻的电路

测量电阻时，万用电桥接成惠斯通电桥，如图 2.34(a) 所示。当电桥平衡时，下式成立：

$$R_A R_B = R_S R_x$$

所以：

$$R_x = \frac{R_A R_B}{R_s}$$

(2) 测量电感的电路

测量电感时，万用电桥接成麦克斯韦电桥，如图 2.34(b) 所示。当电桥平衡时，下式成立：

$$L_x = R_A R_B C_s$$

$$R_x = R_A R_B / R_s$$

$$Q_x = \omega C_s R_s$$

式中，R_x是电感器的交流阻抗；Q_x是电感器的品质因数。

(3) 测量电容的电路

测量电容时，万用电桥接成维恩电桥，如图 2.34(c) 所示。当电桥平衡时，下式成立：

$$C_x = R_B C_s / R_A$$

$$R_x = R_A R_s / R_B$$

$$D_x = \omega C_s R_s$$

式中，R_x是电容器的交流阻抗；D_x是电容感器的高频介质损耗因数。

(4) QS18A 型万用电桥的具体操作步骤

① 测量电阻器的阻值　电阻的测量可按照以下步骤进行。

a. 估计被测电阻的大小，旋动量程开关到适当的量程位置。

b. 旋动测量选择开关到合适的位置。例如：被测电阻小于10Ω时，选择开关旋到“$R\leqslant10$”处，量程应置于“1Ω”或“10Ω”处；同理可知“$R>10$”时的情况。

c. 将被测量电阻接在接线柱上。调节灵敏度旋钮，使电表指针略小于满刻度。

d. 调节读数旋钮的第一位步进开关和第二位滑线盘，使电表指针往“0”的方向偏转。

e. 再将灵敏度置到足够大的位置，调节滑线盘，使电桥达到最后平衡，电桥的读数即为被测电阻值。即：被测量R_x=量程开关指示值×读数指示值。

【例2.1】 在用万用电桥测某电阻时，量程开关放在100Ω位置，电桥的读数盘示值分别为0.9和0.092，其电阻值R_x多大？

解： R_x=量程开关指示值×读数指示值=100×(0.9+0.092)=99.2Ω

② 测量电感器的电感量　电感的测量可按照以下步骤进行。

a. 估计被测电感的大小，旋动量程开关到适当的量程位置。

b. 旋动测量选择开关到“L”。根据被测量电感的性质选择损耗倍率开关位置。若是空心电感，开关置在“$Q\times1$”；测高Q值滤波电感线圈时，开关置在“$D\times0.01$”，$D=1/Q$；测铁芯电感线圈时，开关置在“$D\times1$”。

c. 将被测量电感接在接线柱上。将损耗平衡放在1位置，调节灵敏度旋钮，使电表指针略小于满刻度。

d. 反复调节读数旋钮和损耗平衡，使电表指针往“0”的方向偏转。再将灵敏度置到足够大的位置，调节读数旋钮和损耗平衡，使指针指“0”或接近于零的位置，此时电桥达到最后平衡。

e. 电桥平衡时，被测量的L_x和Q_x分别为：

L_x=量程开关指示值×读数指示值；

Q_x=损耗倍率指示值×损耗平衡指示值。

【例2.2】 在用万用电桥测某空心电感时，量程开关在100mH位置，电桥的读数盘示值分别为0.9和0.092，倍率开关在$Q=1$处，损耗平衡旋钮指示值为2.5，被测电感的L_x和Q_x分别是多少？

解： L_x=量程开关指示值×读数指示值=100×(0.9+0.092)=99.2mH；

Q_x=损耗倍率指示值×损耗平衡指示值=1×2.5=2.5。

③ 测量电容器的电容量和高频损耗因数　电容的测量可按照以下步骤进行。

a. 估计被测电容的大小，旋动量程开关到适当的量程位置。

b. 旋动测量选择开关到“C”。损耗倍率开关置在“$D\times0.01$”（一般电容器）或置在“$D\times1$”（电解电容器）。

c. 将被测量电容接在接线柱上。将损耗平衡放在1位置，损耗微调逆时针旋到底，调节灵敏度旋钮，使电表指针略小于满刻度。

d. 首先调节读数旋钮，再调节损耗平衡，使电表指针往“0”的方向偏转。再多次将灵敏度调高，调节读数旋钮和损耗平衡，使指针指“0”或接近于零的位置，直到灵敏度足够大时，此时电桥达到最后平衡。

e. 电桥平衡时，被测量的C_x和D_x分别为：

C_x=量程开关指示值×读数指示值；

D_x=损耗倍率指示值×损耗平衡指示值。

【例 2.3】 在用万用电桥测某标称值为 510pF 的电容时，量程开关在 1000pF 位置，电桥的读数盘示值分别为 0.5 和 0.038，倍率开关在 $D=0.01$ 处，损耗平衡旋钮指示值为 1.2，被测电容的 C_x 和 D_x 分别是多少？

解：C_x＝量程开关指示值×读数指示值＝1000×(0.5＋0.038)＝538pF；

D_x＝损耗倍率指示值×损耗平衡指示值＝0.01×1.2＝0.012。

2.2.6 高频 Q 表

高频 Q 表是专门用于测量电子元件在高频状态下特性参数的仪器，它能在高频状态下测量电容量、电感量、损耗因数和品质因数等。

虽然万用电桥也能测量上述参数，但万用电桥只能在低频情况下对电容器和电感器进行测量，在高频状态下，使用万用电桥测得的数据误差较大，没有实际意义。

如图 2.35 所示，是 QBG-3 型高频 Q 表的实物。

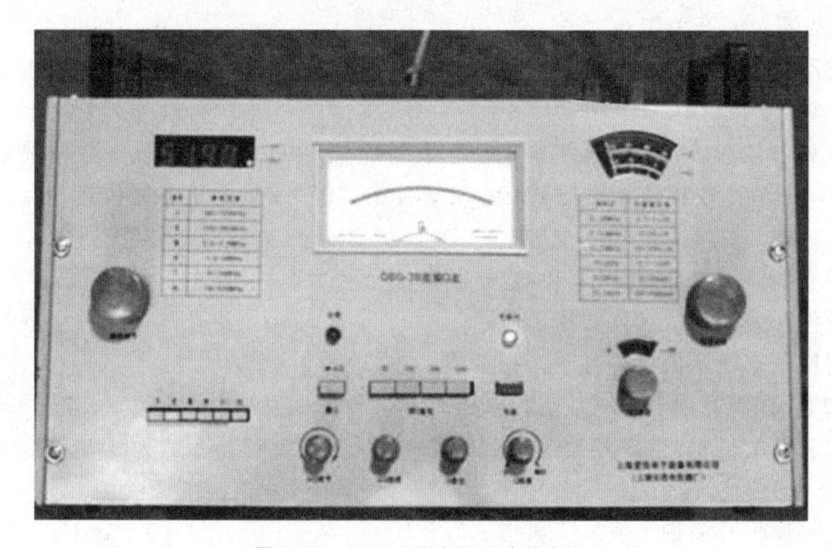

图 2.35　QBG-3 型高频 Q 表的实物

（1）QBG-3 型高频 Q 表的主要技术指标

① 电感器品质因数 Q 的测量范围：10～600。共分 3 挡：10～100；20～300；50～600；准确度＜±10%。

② 电感量的测量范围：0.1μH～100mH。共分 6 挡，准确度＜±5%。

③ 电容量的测量范围：1～460pF。当被测电容器的容量小于 150pF 时，准确度＜±1.5%；当被测电容器的容量大于 150pF 时，准确度＜±1%。

④ 信号源频率范围：50kHz～50MHz。共分 6 挡。

（2）数字式高频 Q 表

数字式高频 Q 表是一种多用途、多量程的高频阻抗测量仪器，它可测量高频电感器、高频电容器及各种谐振元件的品质因数（Q 值）、电感量、电容量、分布电容、分布电感，也可测量高频电路组件的有效串联电阻、有效并联电阻、传输线的特征阻抗、电容器的高频损耗因数、电工材料的高频介质损耗、介质常数等。

数字式高频Q表的测试回路采用了优化设计，其高频信号源、Q值测定和显示部分使用了微机技术和智能化管理，使得测试精度更高。如图2.36所示，是目前国内使用比较多的数字式QBG-3D型高频Q表的实物。

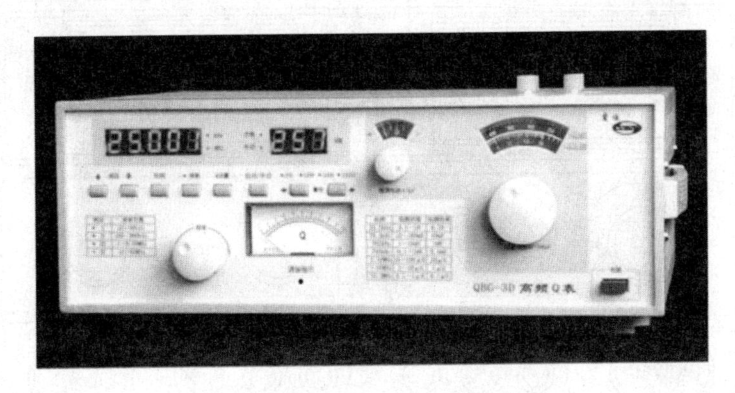

图2.36 数字式QBG-3D型高频Q表的实物

2.2.7 直流稳压电源

直流稳压电源的作用是将交流电转换成直流电，为电子电路和设备提供电源。

凡是电子电路，必须使用直流电。对于一些长期固定在某个地方使用的电子仪器和设备，使用直流稳压电源具有经济性和可靠性。

人们在家庭生活中使用的各种家用电器，都是使用直流稳压电源供电的，只不过从外表看起来是使用交流电。在工厂中生产的电子电路，经常需要对其进行调试和测量，它们也需要使用直流稳压电源。

(1) SG1731型直流稳压电源的技术指标

SG1731型直流稳压电源是具有两路独立输出的电源，输出的直流电压范围为0～30V，输出的直流电流范围为0～3A，是既能稳压又能稳流的高稳定度电源。

SG1731型直流稳压电源的技术指标见表2.3。

表2.3 SG1731型直流稳压电源的技术指标

项目	技术指标	项目	技术指标
输出电压	0~30V连续可用,双路	保护措施	电流限制保护
输出电流	0～3A连续可调,双路	指示表头级别	电压表和电流表均为2.5级
输入电压	AC 220 1V±10%、501Hz±5%	使用环境	0～40℃,相对湿度小于90%,可连续工作8h

(2) SG1731型直流稳压电源的面板装置

SG1731型直流稳压电源面板装置如图2.37所示。

SG1731型直流稳压电源面板上各按键和旋钮的功能见表2.4。

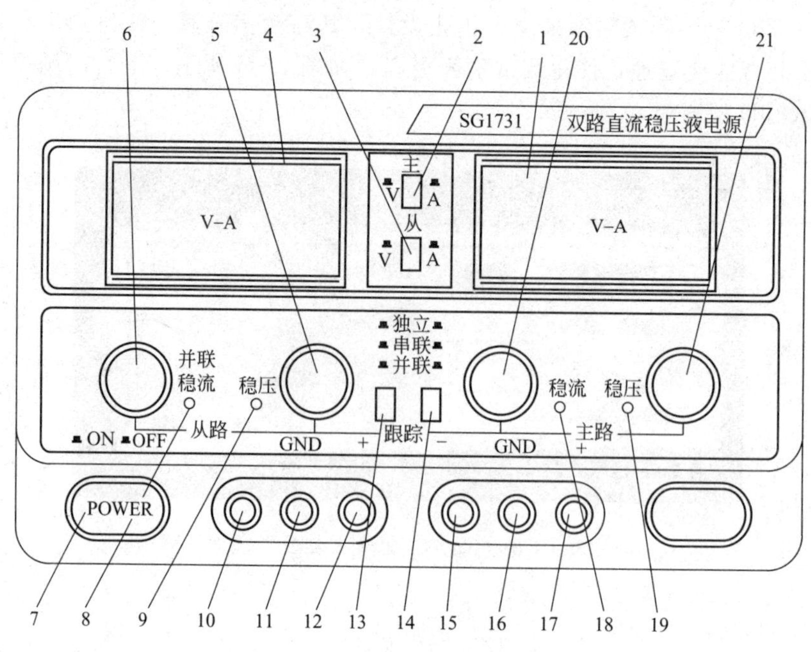

图 2.37 SG1731 型直流稳压电源面板装置图

表 2.4 SG1731 型直流稳压稳流电源面板上各按键和旋钮的功能

序号	名称	作用
1	右电表	指示主路输出电压或电流值
2	主路输出选择开关	选择主路的输出电压或电流值
3	从路输出选择开关	选择从路的输出电压或电流值
4	左电表	指示从路的电压和电流值
5	从路稳压输出电压调节旋钮	调节从路输出电压值
6	从路稳流输出电流调节旋钮	调节从路输出电流值(即限流保护点调节)
7	电源开关	开关置“ON”时(按下),机器处于“通”状态,此时稳压或稳流指示灯亮;反之,机器处于“关”状态(开关弹起)
8	从路稳流状态或二路并联状态指示灯	从路电源处于稳流工作状态或两路电源处于并联状态时,此指示灯亮
9	从路稳压状态指示灯	当从路电源处于稳压工作状态时,此指示灯亮
10	从路支流输出负接线柱	输出电压的负极,接负载负端
11	机壳接地端	机壳接大地
12	从路直流输出正接线柱	输出电压的正极,接负载正端
13	两路电源工作方式选择开关	独立、串联、并联控制开关
14	两路电源工作方式选择开关	独立、串联、并联控制开关
15	主路直流输出负载接线柱	输出电压的负极,接负载负端
16	机壳接地端	机壳接大地
17	主路直流输出正接线柱	输出电压的正极,接负载正端
18	主路稳流状态指示灯	当主路电源处于稳流工作状态时,此指示灯亮
19	主路稳压状态指示灯	当主路电源处于稳压工作状态时,此指示灯亮
20	主路稳流输出电流调节旋钮	调节主路输出电流值(即限流保护点的调节)
21	主路稳压输出电压调节旋钮	调节主路输出电压值

(3) SG1731 型直流稳压电源的使用方法

① 作为双路可调电源独立使用　将电源工作方式开关（13）、（14）都置于弹起位置。

a. 作为双路独立的电压源。首先将稳流旋钮（6）、（20）顺时针调节至最大，然后接通电源开关（7），并调节电压调节旋钮（5）和（21），将从路和主路输出直流电压调至所需要的电压值，此时稳压状态指示灯（9）和（19）发光。

b. 作为双路独立的稳流源。在打开电源开关（7）后，先将稳压调节旋钮（5）和（21）顺时针调节至最大，同时将稳流调节旋钮（6）和（20）逆时针调节至最小，然后接上所需负载，再顺时针调节稳流调节旋钮（6）和（20）使输出电流至所需要的稳定电流值。此时稳压状态指示灯（9）和（19）熄灭，稳流状态指示灯（8）和（18）发光。

当作为稳压源使用时，稳流电流调节旋钮（6）和（20）一般应该调至最大，但是该电源也可以任意设定限流保护点。设定办法为：接通电源，逆时针将稳流调节旋钮（6）和（20）调至最小，然后短接正、负输出端子，并顺时针调节稳流调节旋钮（6）和（20），使输出电流等于所要求的限流保护点的电流值，此时限流保护点就设定好了。

② 作为双路可调电源串联使用　将工作方式开关（13）按下、（14）开关弹起，此时调节主电源电压调节旋钮（21），从路的输出电压严格跟踪主输出电压，使输出电压最高可达两路电压的额定值之和，即端子（10）和（17）之间的电压。

③ 作为双路可调电源并联使用　将电源工作方式开关（13）、（14）按下，即处于两路电源并联工作方式。

a. 作为稳压电源使用。调节主电源电压调节旋钮（21），两路电压输出一样，同时从路稳流指示灯（8）发光，在两路电源处于并联状态时，从路电源的稳流调节旋钮（6）不起作用。

b. 作为稳流源使用。只需调节主路的稳流调节旋钮（20），此时主、从路的输出电流均受其控制并相同，其输出电流最大可达两路输出电流之和。

该电源设有完善的保护功能，当输出端发生短路现象时，不会对该电源造成任何损坏，但是短路时该电源仍有功率损耗，所以一经发现应立即关掉电源，将故障排除后再使用。

第3章 电子元器件在装配前的加工

电子元器件和导线在装配到印制电路板上之前，必须进行加工处理，以方便下一步的安装工作，这是现代化生产所要求的一项不可缺少的工艺。

装配前的准备工作包括正确选取元器件的规格形状和导线的品种，还要采取适当工序，对元件引脚的形状和导线的端头进行加工。

3.1 导线装配前的加工

导线加工的内容有两项：裁剪导线和对导线端头进行处理。

3.1.1 绝缘导线装配前的加工

一般导线的外层都包有一层绝缘体，导线在安装前，导线端头的这层绝缘体需要剥掉，这个工作可分成裁剪、剥头、捻头（多股导线）、浸锡、清洁和印标记等工序。如图3.1所示，就是导线端头在装配前被加工处理后的样子。

图3.1 导线端头在装配前被加工处理后的样子

(1) 裁剪

导线在裁剪前，要用手或工具将其拉伸，使之平直，然后用尺和剪刀，将导线裁剪成所需要的尺寸。如果需要裁剪许多同样尺寸的导线，可用下面方法进行：在桌上放一个直尺或根据裁剪尺寸在桌上做好标记。用左手拿住导线置于直尺（或标记）左端，右手拿剪刀，用剪刀刃口夹住导线向右拉，当剪刀的刃口达到预定尺寸时，将其剪断。

重复上述动作即可将导线剪成相等长度。剪裁导线的长度允许有5%～10%的正误差，但不允许出现负误差。

(2) 导线端头的加工

导线端头绝缘层的剥离方法有两种：一种是刃截法，另一种是热截法。刃截法设备简单但有可能损伤导线。热截法需要使用一把热剥皮器，或用电烙铁代替，并将烙铁头加工成宽凿形。热截法的优点是剥头的质量好，不会损伤导线。

采用刃截法时，可采用电工刀或剪刀，先在导线的剥头处切割一个圆形线口，注意不要割断绝缘层而损伤导线，接着在切口处用适当的夹力撕破残余的绝缘层，最后轻轻地拉下绝缘层。

有一种专业工具叫做剥线钳，专门用于导线剥头，凡直径在 0.5～2mm 左右的导线、绞合线和屏蔽线，都可以使用这种工具。如图 3.2 所示，就是一款剥线钳。

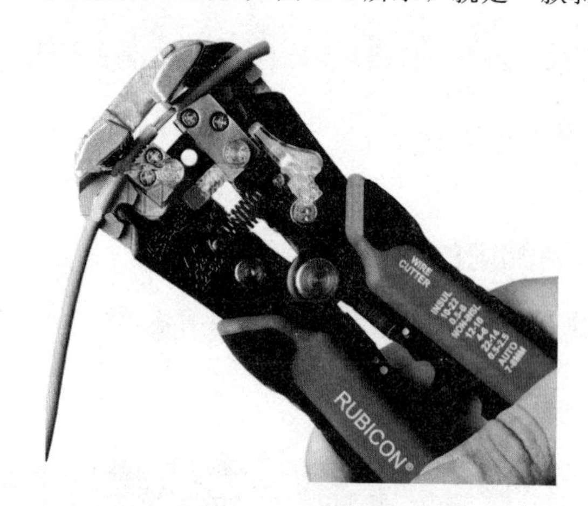

图 3.2　一款剥线钳

使用剥线钳剥导线的端头时，先将规定剥头长度的导线伸入到合适直径的刃口内，然后压紧剥线钳，使刀刃切入导线的绝缘层内，再利用剥线钳弹簧的弹力将剥下的绝缘层弹出。

采用热截法进行导线端头的加工时，需要将热控剥皮器的端头加工成适当的外形，如图 3.3 所示。先将热控剥皮器通电加热 10min 后，待热阻丝呈暗红色时，将需要剥头的导线按所需长度放在两个电极之间。然后转动导线，将导线四周的绝缘层都切断后，用手边转动导线边向外拉，即可剥出无损伤的端头。

（3）捻头

多股导线被剥去绝缘层后，还要进行捻头以防止芯线松散。捻头时要顺着导线原来的合股方向，用力不宜过猛，否则易将细导线捻断。捻过后的芯线其螺旋角一般在 30°～45°为合适，如图 3.4 所示。芯线捻紧后不得松散，如果芯线上有涂漆层，应先将涂漆层去除后再进行捻头。

（4）浸锡（又称搪锡、挂锡）

将捻好头的导线进行浸锡，其目的在于防止导线头的氧化，以提高焊接质量。导线头浸锡有锡锅浸锡和使用电烙铁上锡两种方法。

采用锡锅对导线头浸锡时，先将锡锅通电使锅中的焊料熔化，然后将捻好头的导线蘸上助焊剂，再将导线垂直插入锡锅中，注意要使浸渍层与绝缘层之间留有 1～2mm 的间隙，如图 3.5 所示。待导线头润湿后取出，导线头浸锡的合适时间为 1～3s，时间不能太长，以免导线的绝缘层受热收缩过大。

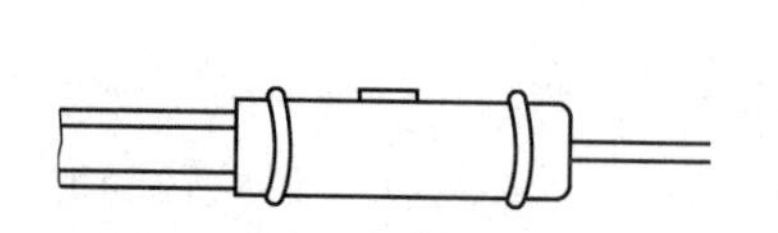

图 3.3　热控剥皮器端头形状

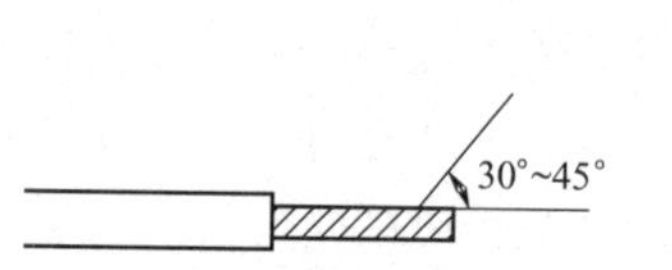

图 3.4　多股导线的捻头角度

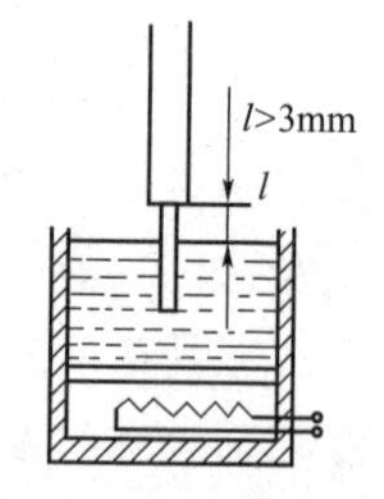

图 3.5　导线端头的浸锡

采用电烙铁上锡时，先将电烙铁加热至能熔化焊锡时，在烙铁上蘸满焊料，将导线端头放在一块松香上，用烙铁头压住导线端头，左手边慢慢地转动导线边往后拉，当导线端头脱离烙铁后，导线端头也上好了锡。采用电烙铁上锡时要注意：松香要用新的，否则导线端头会很脏；烙铁头不要烫伤导线的绝缘层。

3.1.2 屏蔽导线安装前的加工

屏蔽导线是一种在绝缘导线外面套上一层铜编织套再加上一层绝缘体的特殊导线，如图3.6所示，就是一款屏蔽导线端头。

图3.6 一款屏蔽导线端头

屏蔽导线端头的加工工序有三道。

(1) 屏蔽导线的剪裁

先用尺和剪刀（或斜口钳）剪下规定尺寸的屏蔽导线，屏蔽导线的长度允许有5%～10%的正误差，不允许有负误差。

(2) 屏蔽导线端部外绝缘护套的剥离

在需要剥去外绝缘护套的地方，用热控剥皮器烫一圈，深度要刚到铜编织层，然后用尖嘴钳夹持外护套，撕下外绝缘护套。

(3) 屏蔽导线铜编织套的加工

① 屏蔽层接地时的加工　对直径较细、硬度较软的屏蔽导线铜编织套进行加工时，可用左手捏住屏蔽导线的外绝缘层，用右手指向左推铜编织线，使之成为图3.7(a) 所示的形状。然后用针或镊子在铜编织线上拨开一个孔，弯曲屏蔽层，从孔中取出芯线，如图3.7(b) 所示。

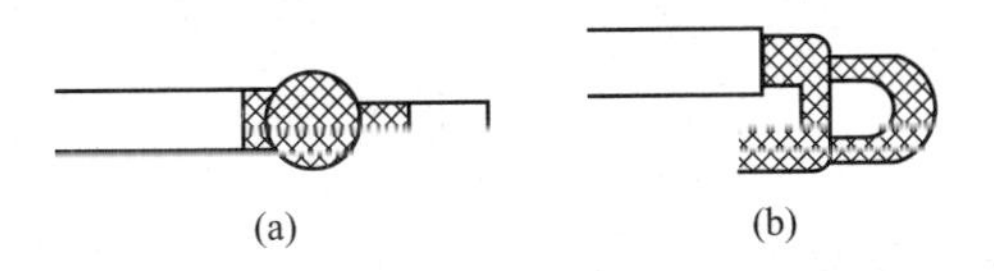

图3.7 细、软屏蔽线的加工

再用手指捏住已抽出芯线的铜屏蔽编织线向导线的后部捋一下，根据要求剪取适当的长度，再将铜屏蔽编织线的端部拧紧，以备将其焊接在电路的接地部位。

对直径比较粗、硬度较硬屏蔽导线的铜编织套加工时，要在屏蔽层下面缠上黄蜡绸布2～6mm（或用适当直径的玻璃纤维套管），再用直径为0.5～0.8mm的镀银铜线密绕在屏蔽层端头，密绕宽度为2～6mm，然后用电烙铁将绕好的铜线焊在一起（和套管一起）后，空绕一圈，并留出一定长度，以备将其焊接在电路的接地部位。最后再套上热收缩套管。

② 屏蔽层不接地时的加工　先将屏蔽导线的铜编织层推成球状后用剪刀剪去，仔细修剪干净即可，如图 3.8(a) 所示。若电路要求较高，可在剪去多余的铜编织套后，将剩余的铜编织层翻过来，如图 3.8(b) 所示，再套上热收缩套管，如图 3.8(c) 所示。

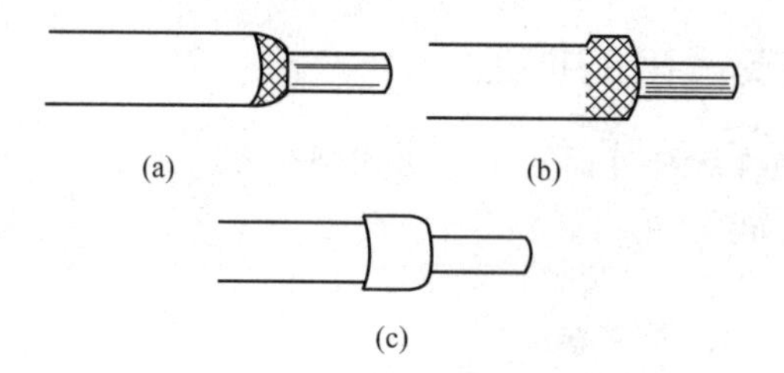

图 3.8　屏蔽层不接地时的端头加工

(4) 绑扎屏蔽电缆护套端头

对有多根芯线的电缆线（或屏蔽电缆线）的端部必须进行绑扎，可以用蜡克棉线进行绑扎。先从护套端口沿电缆放长约 15～20cm 的蜡克棉线，左手拿住电缆线，拇指压住蜡克棉线头，右手拿起蜡克棉线从电缆线端口往里紧绕 2～3 圈，然后将起头的一段棉线折过来，继续紧绕棉线。当绕线宽度达 4～8mm 时，将蜡克棉线端穿进线环中绕紧。此时用左手压住线层，右手抽紧蜡克棉线后，剪去多余的棉线头，涂上清漆即可。

(5) 屏蔽导线的芯线加工

屏蔽导线的芯线端头加工过程同一般绝缘导线的加工方法一样，但要注意的是屏蔽导线的芯线大多采用很细的多股铜丝，切忌用刃截法剥头，而应采用热截法。

屏蔽导线的芯线端头浸锡操作同一般绝缘导线端头的浸锡过程相同。但在浸锡时，要用尖嘴钳夹持在离端头 5～10mm 的地方，防止焊锡透渗进芯线很长一段距离，否则会使芯线形成硬结。

3.2 线扎的制作

在电子整机装配工作中常用细绳线和塑料扎扣把导线扎成各种不同形状的线扎（也称线把、线束）。

3.2.1 制作线扎的步骤

制作线扎的方法主要有“连续结”法和“点结”法两种，下面根据线扎的制作过程，介绍连续结和点结线扎的制作步骤。

(1) 裁剪导线及加工线端

按工艺文件中的要求剪裁好符合规定尺寸和规格的导线，并进行线端加工（包括剥头、捻头、浸锡等）。

(2) 在导线端头印标记

为了区分复杂线扎中的每根导线，需要在导线的两端印上标记（号码或色环），也可将印好标记的套管套在线端。印记标记的方法如下。

① 清洁套管　用酒精将线端或套管擦清洁晾干待用。

② 配置染料　用碱式染料（颜色的数量和种类随需要而定，即深色导线用白色颜料，浅色导线用黑色颜料等），加10%的聚氯乙烯配成，或直接采用各种颜色的油墨。

③ 印刷标记　可用描色笔在套管上描涂色环或用橡皮章在套管上打印标记。打印前先要将油墨调匀，将少量油墨放在油板上，用小油辊滚成一薄层，再用印章去蘸油墨。打印时，印章要对准位置，再左右摇动一下，若标记不清要马上擦掉重印。

导线标记位置应在离绝缘端8～15mm处，如图3.9所示。印字要清楚，方向要一致，数字号与导线粗细相配。

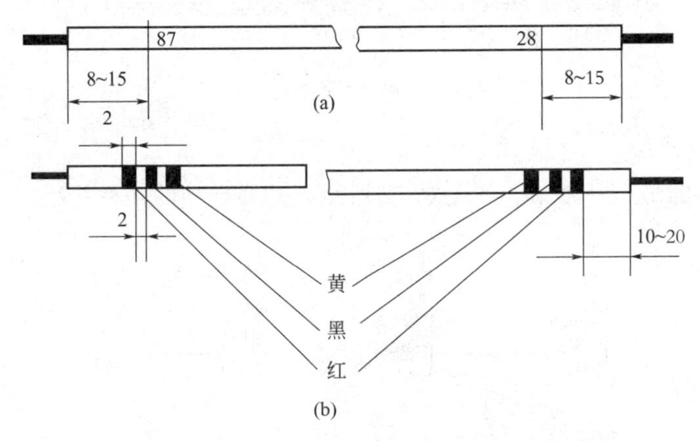

图3.9　导线端头印标记的位置

(3) 按序排线

要按照导线加工的工艺文件要求排列导线顺序，在配线板上按图样走向依次排列。排列导线时，屏蔽导线应尽量放在下面，然后排长导线，最后排短导线。靠近高温热源的导线应有隔热措施，可加石棉板或用石棉绳等隔热材料。如导线的根数较多不易放稳时，可在排完一部分之后，先用铜线临时捆扎，待所有的导线排完之后，再一边绑扎一边拆除铜线。

3.2.2　连续结的捆扎方法

可采用棉线、亚麻线或尼龙线作为扎线材料，由起始结、中间结和终端结将线扎捆扎在一起。

(1) 起始结的扎法

起始结是扎在线扎的开头处。如图3.10所示，是几种起始结的扎法。

(2) 中间结的扎法

中间结的扎法分为绕一圈的中间结和绕两圈的中间结。如图3.11所示，是两种中间结的扎法。

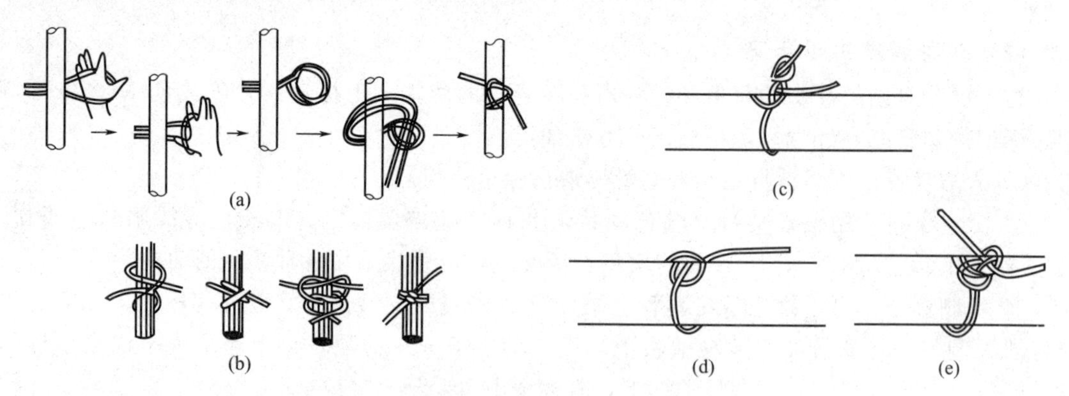

图 3.10　起始结的扎法

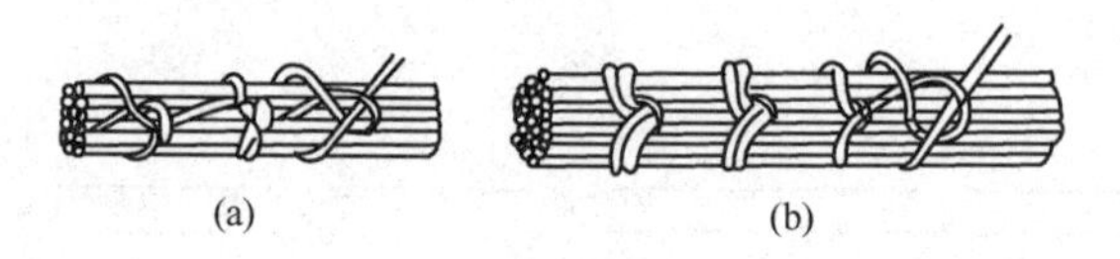

图 3.11　两种中间结的扎法

(3) 终端结的扎法

终端结是线扎的最后一个结。如图 3.12 所示，是终端结的几种扎法。

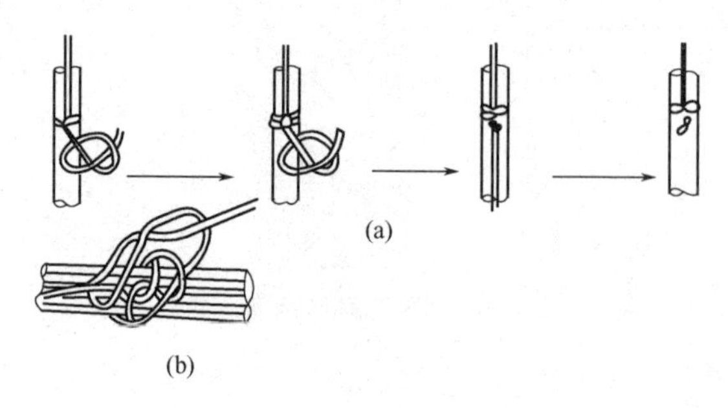

图 3.12　终端结的扎法

(4) 延长结的扎法

当扎线扎到中间发现不够长时，可用延长结加接一段扎线，以便继续捆扎。如图 3.13 所示，是几种延长结的扎法。

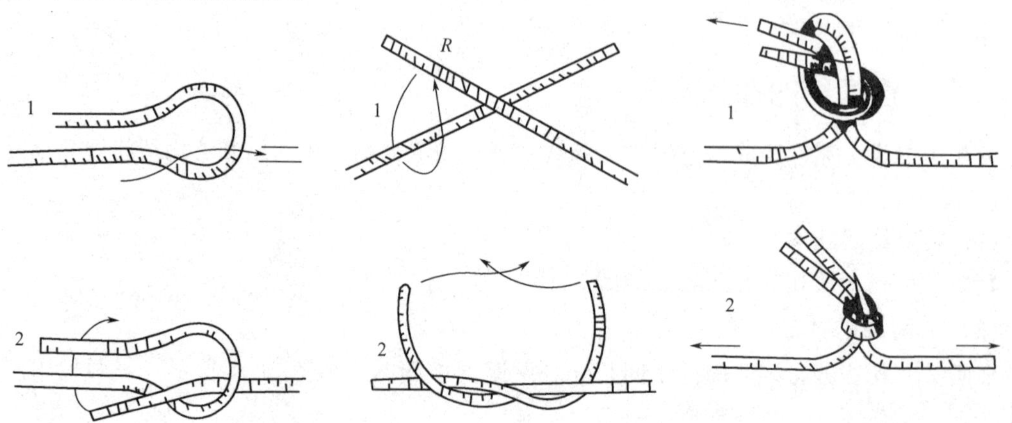

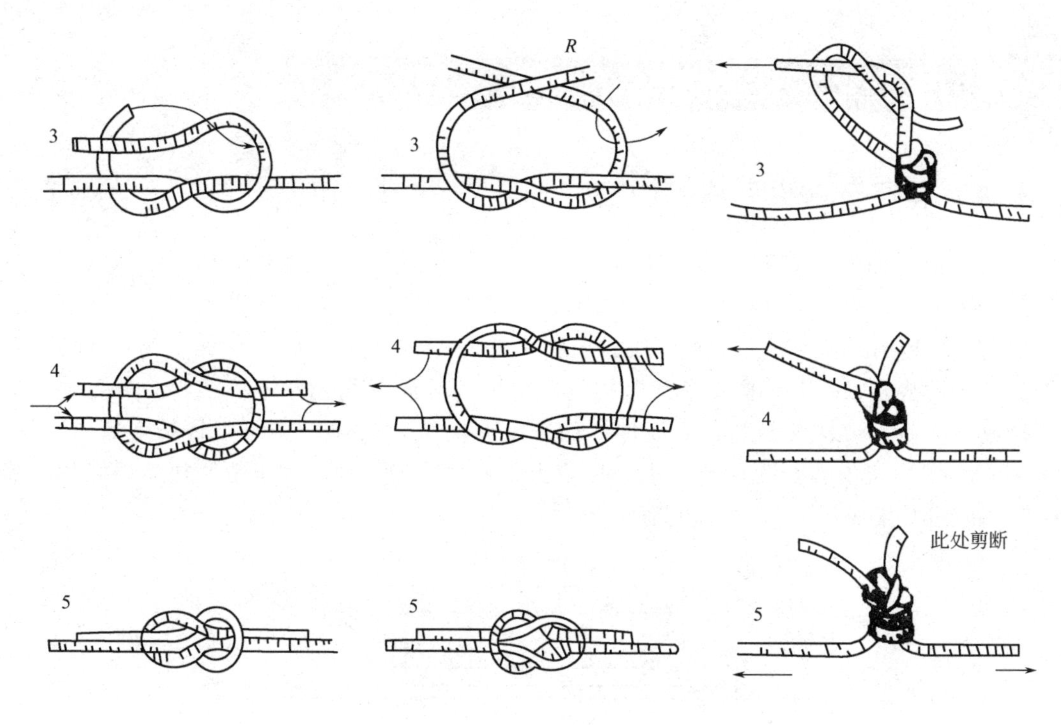

图 3.13　延长结的扎法

3.2.3　F形结、Y形结与T形结的扎法

在线扎的分支处和转弯处需要用到F形结、Y形结与T形结这三种结当中的一种。如图3.14所示为这三种结的扎法。

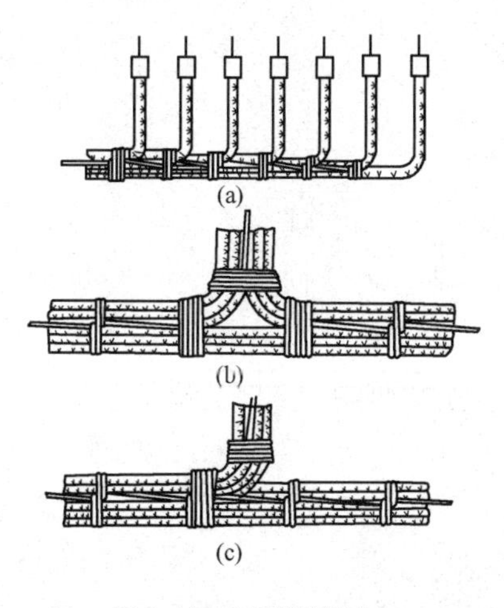

图 3.14　分支线的绑扎

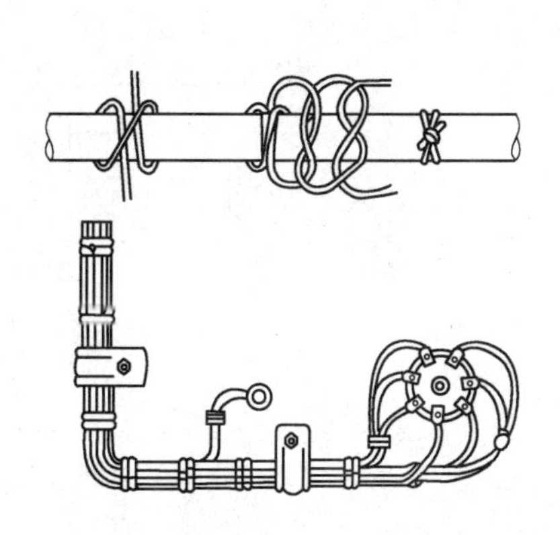

图 3.15　点结扎法

还有一种常用的点结扎法，如图3.15所示。由于这种方法比连续结简单，所以点结扎法较为常用。

3.3 电子元器件装配前的加工

3.3.1 电子元器件引线的加工

(1) 电子元器件引线的成形要求

对于手工插装和手工焊接的电子元器件，一般要把引线加工成如图 3.16 所示的形状；对采用自动焊接的元器件，最好把引线加工成如图 3.17 所示的形状。图 3.17(a) 为轴向引线元件卧式插装方式，L_a为两焊盘的跨接间距，l_a 为轴向引线元件体长度，d_a为元件引线的直径或厚度，$R=2d_a$，折弯点到元件体的长度应大于 1.5mm，两条引线折弯后应平行。图 3.17(b) 为立式安装方式，$R=2d_a$，R 应大于元件体的半径。对于怕受热而损坏的元器件，其引线可加工成图 3.18 所示的形状。

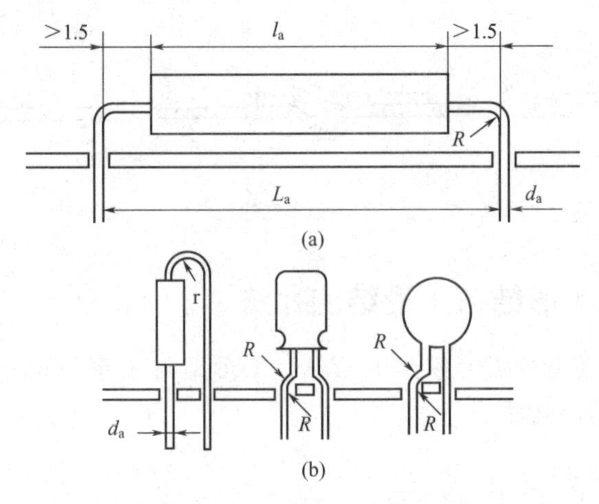

图 3.16 手工插装的元件引线成形

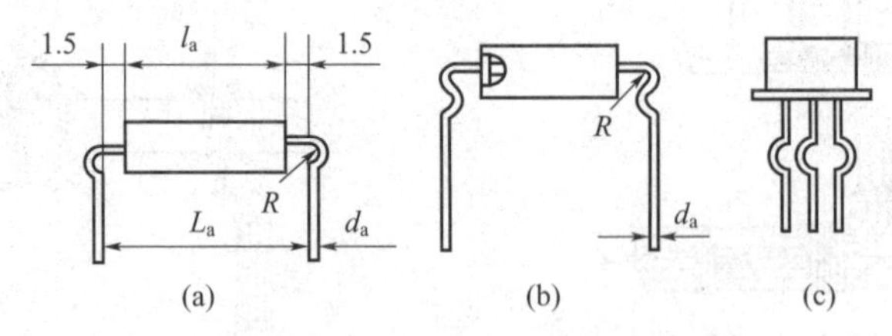

图 3.17 自动焊接元件引线的成形

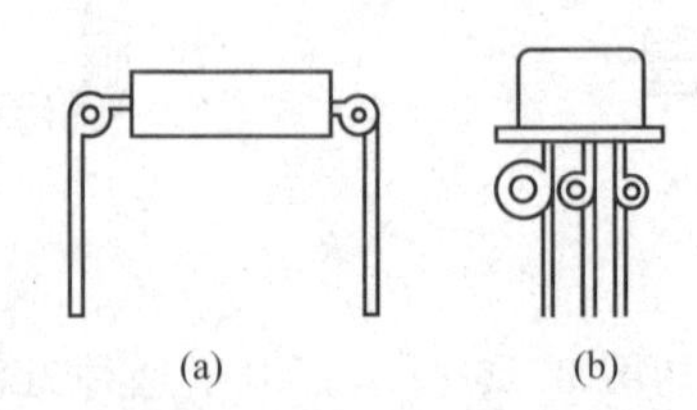

图 3.18 易受热损坏元件引线的成形

(2) 电子元器件引线成形的方法

目前，元器件引线的成形方法主要有专用模具成形、专用设备成形以及手工加工成形等方法。其中将模具成形与手工成形相结合的方法较为常用。如图 3.19 所示，是引线成形的模具形状。模具的垂直方向开有供插入元件引线的长条形孔，孔距等于格距。将元器件的引线从上方插入长条形孔后，再插入插杆，元件引线即可成形。用这种方法加工的引线成形的一致性比较好。

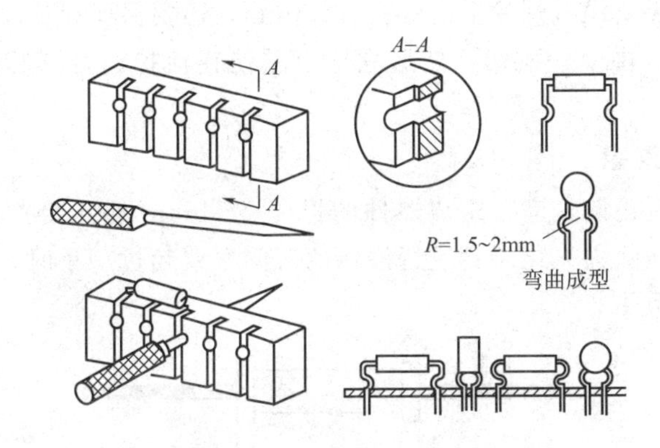

图 3.19 引线成形的模具形状

某些元器件如集成电路的引线成形不能使用模具，可使用钳子加工引线。最好把长尖嘴钳子的钳口加工成圆弧形，以防在引线成形时损伤引线。使用长尖嘴钳子加工引线的过程如图 3.20(a) 所示，集成电路的引线成形结果如图 3.20(b) 所示。

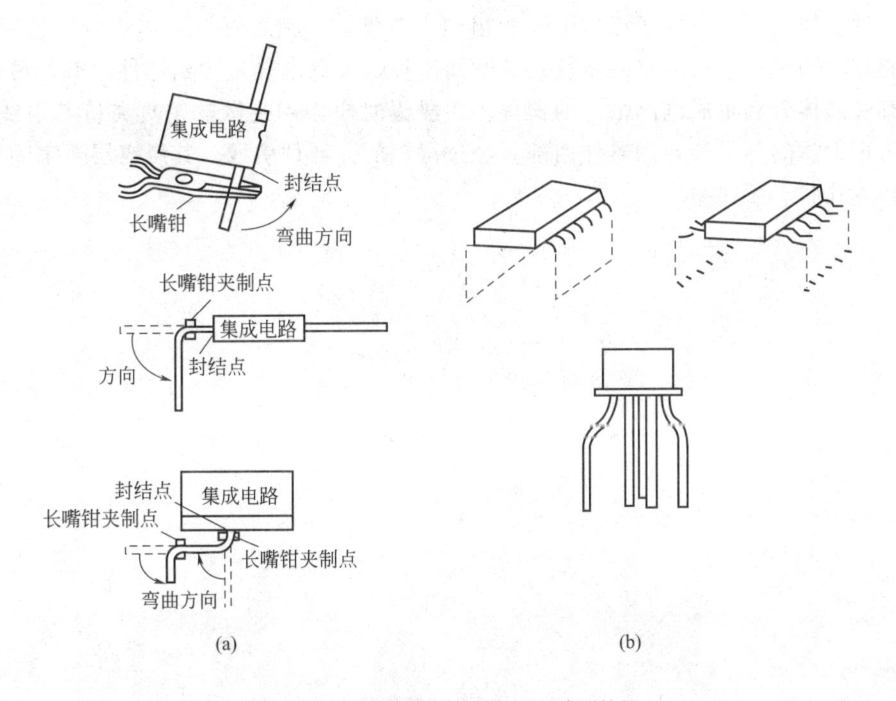

图 3.20 集成电路引线的加工及成形结果

3.3.2 电子元器件引线的浸锡

(1) 裸导线的浸锡

裸导线、铜带、扁铜带等在浸锡前要先用刀具、砂纸或专用设备清除浸锡端面的氧化层污垢，然后蘸点助焊剂再浸锡。在对镀银线浸锡时，操作人员必须戴手套，以保护镀银层。

(2) 元器件焊片的浸锡

元器件焊片的浸锡要没过焊片上的焊孔 2～5mm，还要保证焊片浸完锡后不要将焊孔堵住，万一焊孔堵塞了可再浸一次锡，然后立即下垂使锡流掉，否则芯线不能穿过焊孔进行绕接。

(3) 元件引线的浸锡

元器件的引线在浸锡前，应在距离器件的根部 2～5mm 处开始去除氧化层，如图 3.21 所示。元器件的引线从除去氧化层到进行浸锡的时间不要超过一小时，浸锡以后立刻将元件引线浸入酒精中进行散热。

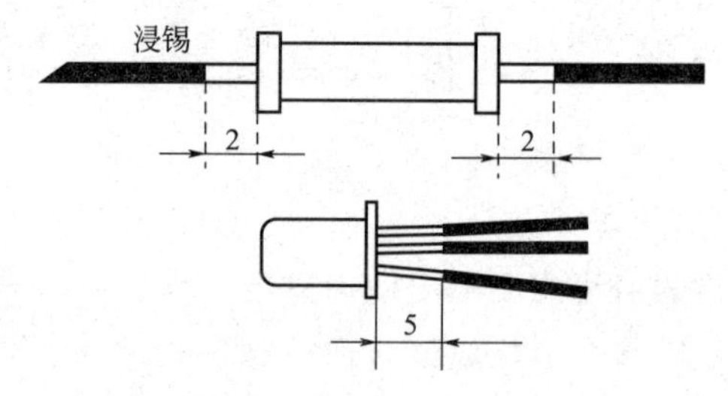

图 3.21 元件引线的浸锡

元器件引线的浸锡时间要根据引线的粗细来掌握，一般在 2～5s 内为宜。若时间太短，引线未能充分预热，易造成浸锡不良；若时间过长，大量的热量传到器件内部，易造成器件损坏。有些晶体管和集成电路怕热的器件，在浸锡时应当用易散热工具夹持其引线的上端，这样可防止大量的热量传导到器件内部。经过浸锡的元器件引线，其浸锡层要牢固均匀、表面光滑、无孔状、无锡瘤。

第④章 元器件的装配技术

一个电子产品由许多电子元器件和其他一些零部件组成，有的电子产品还需要装配一些机械部件，这些器件的装配质量直接影响着电子产品的质量。

从需要焊接电子元器件的装配到一些非焊接元器件的装配，这是一个完整的装配工序链条，这里既有各种各样实际元器件的装配技术，还有各种各样的装配方法。

4.1 需焊接元器件的装配

4.1.1 集成电路的装配

(1) 直接焊装

集成电路在大多数应用场合都是直接焊装到PCB上，既节省了集成电路插座，又增加了电路的可靠性。如图4.1所示，是计算机内存条，可以看出，集成电路都是直接焊接装配在印制电路板上。

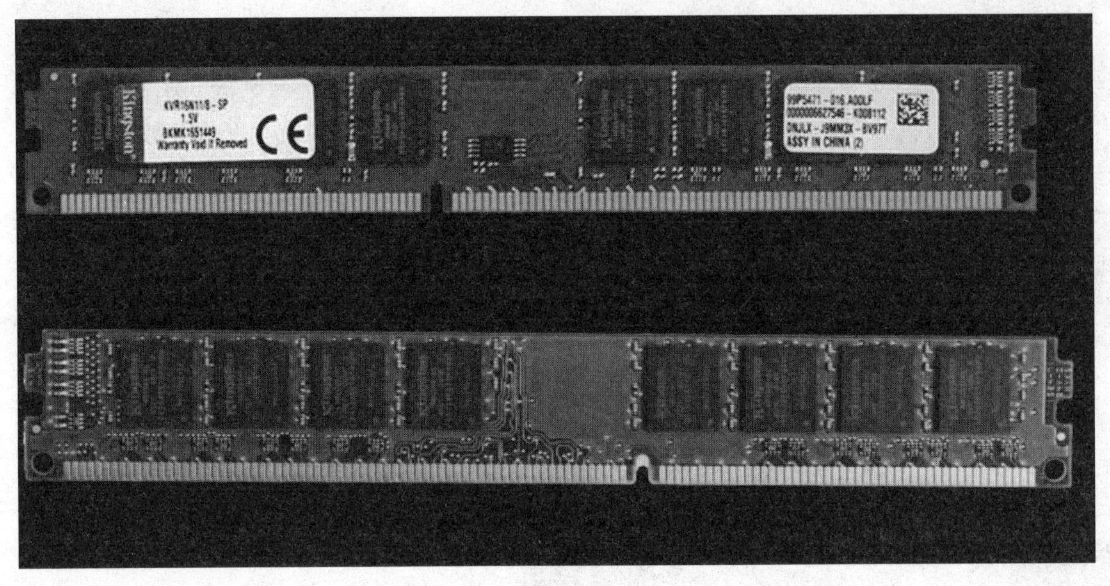

图4.1 计算机内存条

(2) IC插座装配

不少电子产品为了调整、升级和维护方便，常采用先焊装IC插座再装配集成电路的装配方式。比如计算机中的CPU等集成电路，引线较多，装配焊接时稍有不慎，就有损坏引脚的可能，所以大都采用先焊装IC座再装配集成电路的装配方式。如图4.2所示，是计算机主板，可以看出，CPU的位置是一个矩形的集成电路插座。

集成电路插座的选择是具有针对性的，因为集成电路的引线排列有单列直插式、双列直插式和矩形排列式，各种集成电路引脚的数量也不相同，所以要选择与之对应的集成电路插座。

(3) 集成电路装配时要注意的问题

集成电路在装配时要注意如下几个问题。

① 防止静电　大规模IC大都采用CMOS工艺，属电荷敏感型器件，而人体所带的静电有时可高达上千伏。工业上的标准工作环境虽然采用了防静电系统，但也要尽可能使用工具夹持IC，并且通过触摸大件金属体（如水管、机箱等）等方式释放人体所带的静电。

图 4.2 计算机主板

② 找准方位 无论何种 IC 在装配时都有个方位问题，通常 IC 插座及 IC 片子本身都有明显的定位标志，这是集成电路引脚的起始位置，如图 4.3 所示。

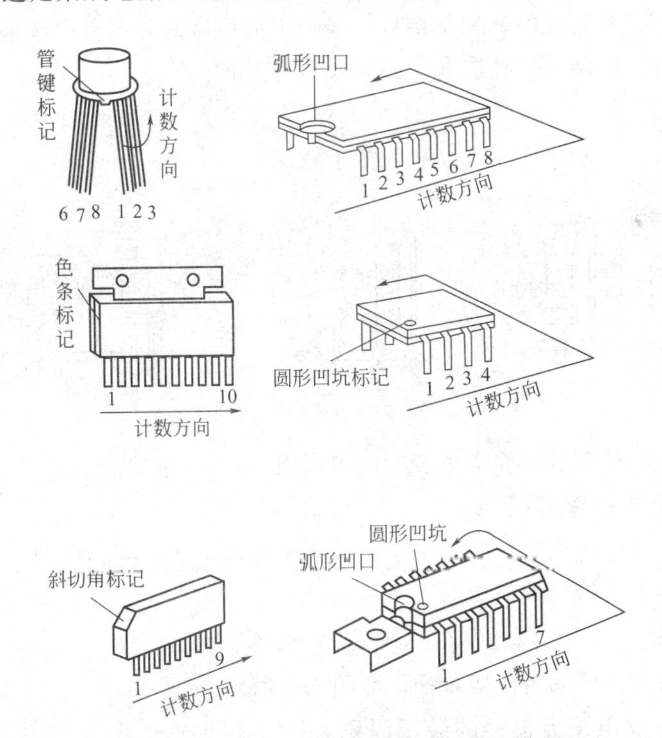

图 4.3 常见集成电路的方位标志

③ 均匀施力 装配集成电路在对准方位后要仔细地让每一条引线都与插座口一一对应，然后均匀施力将集成电路插入插座。对采用 DIP 封装形式的集成电路，其两排引线之间的

距离都大于插座的间距，可用平口钳或用手夹住集成电路在金属平面上仔细校正。现在已有厂商生产专用的 IC 插拔器，给装配集成电路的工作带来很大方便。如图 4.4 所示，是一款通用性 IC 插拔器。

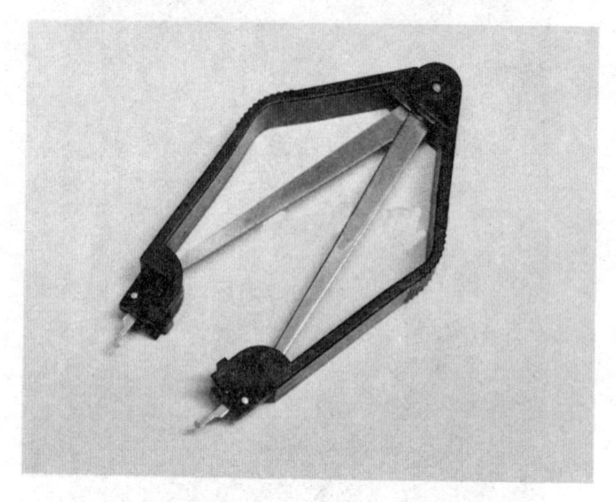

图 4.4　一款通用性 IC 插拔器

4.1.2　通孔型分立电子元器件的装配

通孔型分立电子元器件的装配是指将已经加工成型后的元器件引线插入印制电路板上的焊孔中，装配的方法根据元件性质和电路的要求有多种。

(1) 直接装配

如图 4.5 所示，是电子元件直立装配的示意图。

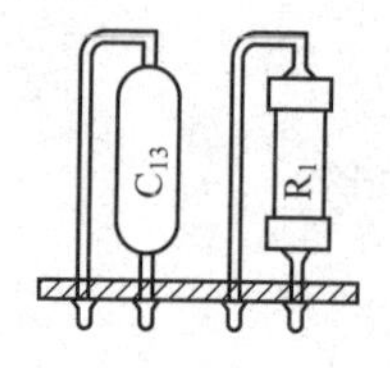

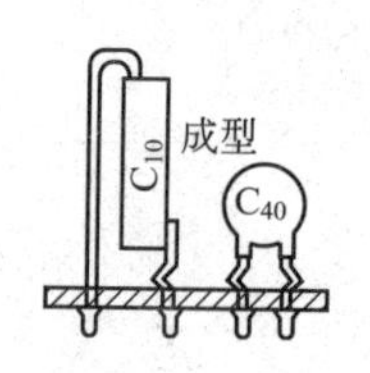

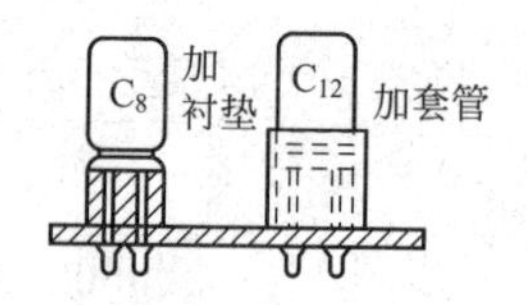

图 4.5　元件直立装配

如图 4.6 所示，是电子元件水平装配的示意图。

(2) 埋头装配或折弯装配

当元件的装配高度受到限制时，可采用埋头装配或折弯装配，如图 4.7 所示。

对于小功率三极管的装配，如图 4.8 所示。

(3) 支架装配

当元件比较重时，要采用支架装配，如图 4.9 所示。

(4) 通孔型分立电子元器件的装配原则

装配通孔型电子元器件有手工装配和机器自动装配两种方法，无论采用哪种装配方法，都要遵守如下装配原则。

① 元器件装配的顺序要保证先低后高、先小后大、先轻后重。

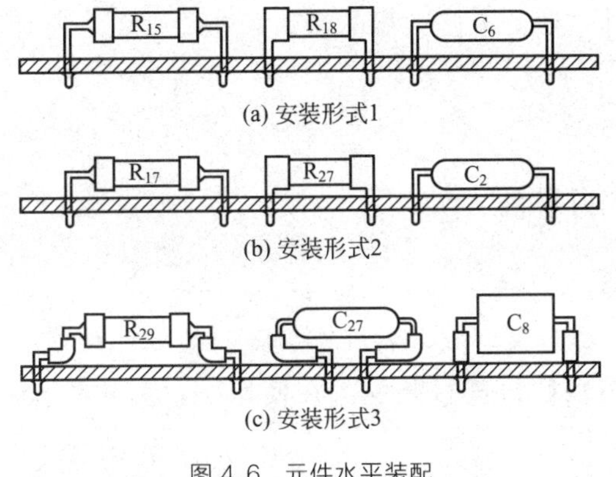

图 4.6　元件水平装配

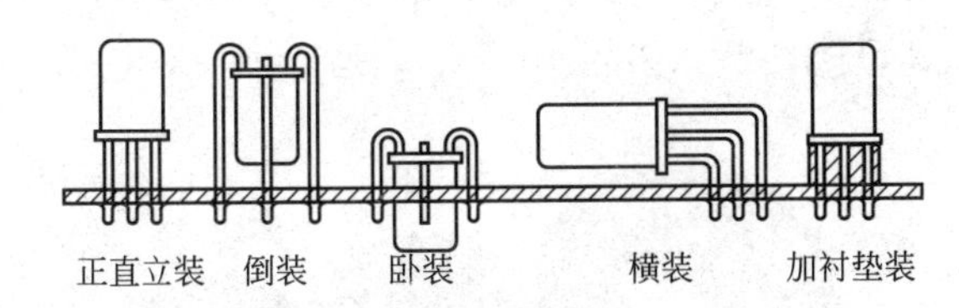

图 4.7　元件受高度限制时的装配

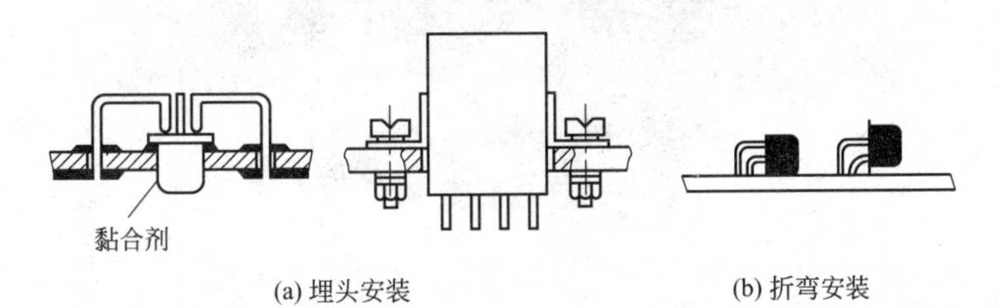

图 4.8　小功率三极管的装配

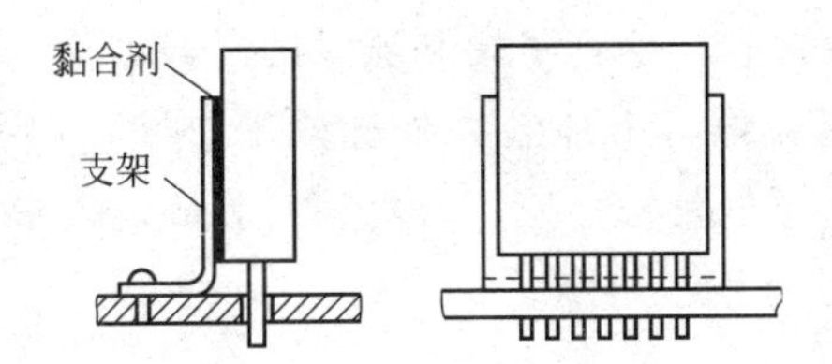

图 4.9　采用支架固定装配

② 元器件装配的方向要保证元器件上的标记和色码部位朝上，以便于辨认；水平装配元件的数值读法应保证从左至右，竖直装配元件的数值读法则应保证从下至上。

③ 元器件的间距要保证在印制板上的距离不能小于1mm；引线间的间距要大于2mm，必要时，要给引线套上绝缘套管。对水平装配的元器件，应使元器件贴在印制板上，元件离印制板的距离要保持在0.5mm左右；对竖直装配的元件，元器件离印制板的距离应在3～5mm。

4.2 非焊接元器件的装配

在电子产品中，除了需要装配电子元器件之外，还需要装配一些其他部件，比如陶瓷零件、胶木零件和塑料零件，还有一些大型的散热片需要固定，还有装配各种导线，以便将各部分连接成为一个整体。

4.2.1 易碎部件的装配

(1) 陶瓷零件的装配

陶瓷零件的特点是易碎且又坚硬，容易在装配时被损坏和划伤，因此要选择合适的材料作为衬垫，将陶瓷零件垫好后再进行装配。在使用螺丝刀扭螺丝时，要注意缓用力、轻使劲、慢扭紧。

陶瓷零件在装配时要加装软垫，如橡胶垫、纸垫或软铝垫等，但不能使用钢弹簧垫圈，选用铝垫圈时要使用双螺母防松。如图 4.10 所示，是几种橡胶垫圈。

图 4.10 几种橡胶垫圈

(2) 胶木零件的装配

胶木零件的特点是比较柔软，遇到坚硬利器时容易被划伤，在装配时一般使用铁螺钉或自攻螺钉紧固。在紧固时应在螺钉上加装大外径的平垫圈，但不可太软，如铝垫圈或钢垫圈，选用铝垫圈时要使用双螺母防松。使用自攻螺钉紧固时，螺钉的旋入深度不小于直径的 2 倍。如图 4.11 所示，是不锈钢平垫圈。

(3) 塑料零件的装配

塑料零件在装配时容易产生变形，遇到外力比较大时也容易破碎。装配时也应在螺钉上加装大外径的垫圈，使用自攻螺钉紧固时，螺钉的旋入深度不小于直径的 2 倍。如图 4.12 所示，是大外径塑料垫圈。

图 4.11 不锈钢平垫圈

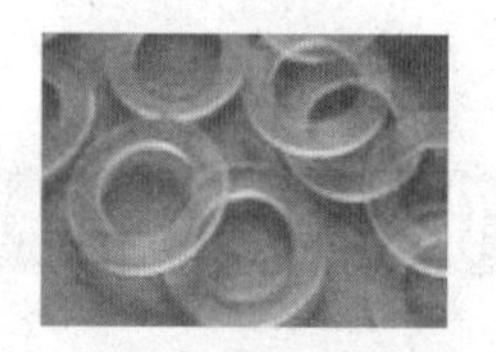

图 4.12 大外径塑料垫圈

4.2.2 有特殊要求元器件的装配

(1) 仪器面板上元器件的装配

在有些仪器的面板上需要装配电位器、波段开关等操作元件，在仪器的后面板还需要装配保险丝管座和接插件，这些装配通常都采用螺纹装配结构。螺纹装配的结构和方法后面还要详述。在装配仪器面板上的元器件时，必须注意保护好仪器的面板，防止在紧固螺母时划伤面板。

需要经常扭动的元器件在装配时，除了用螺钉紧固，还必须配合合适的防松垫圈进行装配，如采用钢弹簧垫圈，或者采用双螺母装配。如图 4.13 所示，是钢弹簧防松垫圈。

图 4.13 钢弹簧垫圈

(2) 大功率电子器件散热片的装配

大功率电子器件在工作时会发热，必须依靠散热片将热量散发出去，而装配散热器的质量对传热效率影响很大。

以下三点是装配散热片的要领。

① 电子器件和散热片的接触面要清洁平整，保证两者之间接触良好。

② 在电子器件和散热片的接触面上要涂抹导热硅脂，使器件和散热片之间实现良好的面接触，以利于散热。如图 4.14 所示，是大功率三极管与散热片之间涂抹上导热硅脂后的照片。

图 4.14 大功率三极管与散热片之间涂抹上导热硅脂后的照片

③ 在有两个以上的螺钉紧固时，要采用对角线轮流紧固的方法，防止贴合不良。

如图 4.15 所示，是常见功率器件的装配示意图。

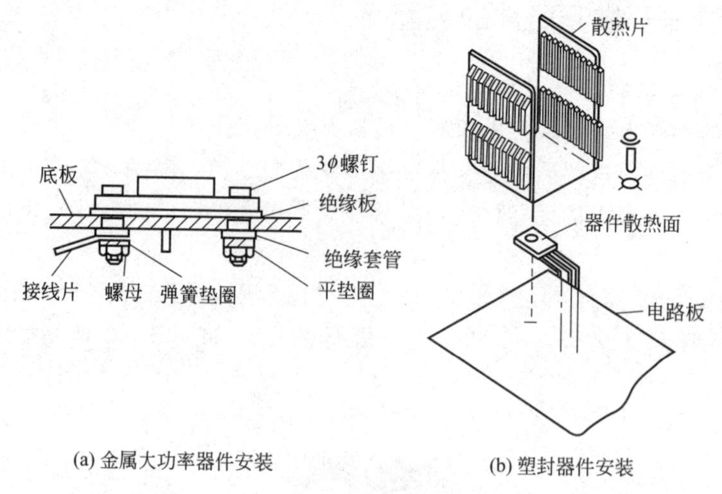

(a) 金属大功率器件安装　　(b) 塑封器件安装

图 4.15　大功率器件的装配示意图

导热硅脂俗称散热膏，是以有机硅酮为主要原料，添加一些耐热、导热性能优异的材料制成的导热绝缘型复合物，用于功率放大器、晶体管、电子管、CPU 等电子元器件的导热及散热，从而保证电子仪器、仪表等电气性能的稳定。

导热硅脂是一种高导热绝缘有机硅材料，几乎永远不固化，在－50～＋230℃的温度下，可以长期保持使用时的脂膏状态。导热硅脂既具有优异的电绝缘性，又有优异的导热性，同时还具有低游离度、耐高低温、耐水、耐臭氧、耐气候老化，被广泛涂覆于各种电子产品中的发热体（功率管、可控硅、电热堆等）与散热设施（散热片、散热条、壳体等）之间，起到传热媒介作用。如图 4.16 所示，是导热硅脂的产品和形状。

图 4.16　导热硅脂的产品和形状

（3）信号传输电缆线的装配

① 扁平电缆线的装配　目前常用的扁平电缆是导线芯为 $7\times0.1\text{mm}^2$ 的多股软线，外皮材料为聚氯乙烯，导线的间距为 1.27mm，导线的根数为 7～60 不等有各种规格，颜色多为灰色和灰白色，有一侧靠近最边缘的线为红色或其他的不同颜色，作为接线顺序的标志，如图 4.17 所示。

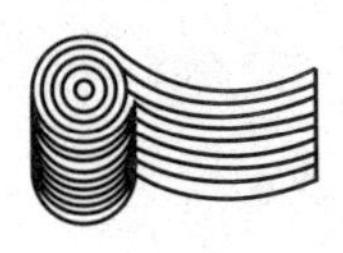

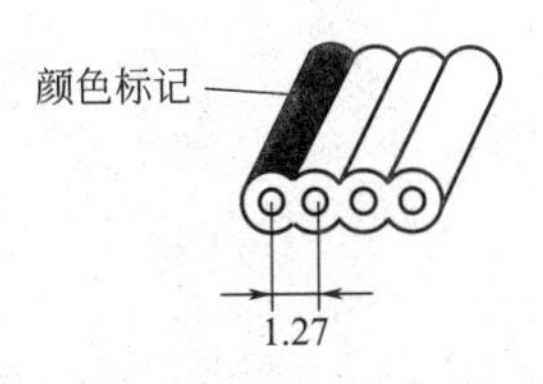

图 4.17　扁平电缆的线序标志

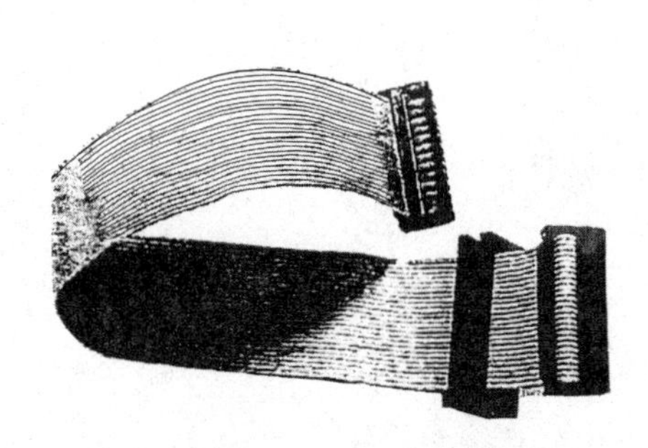

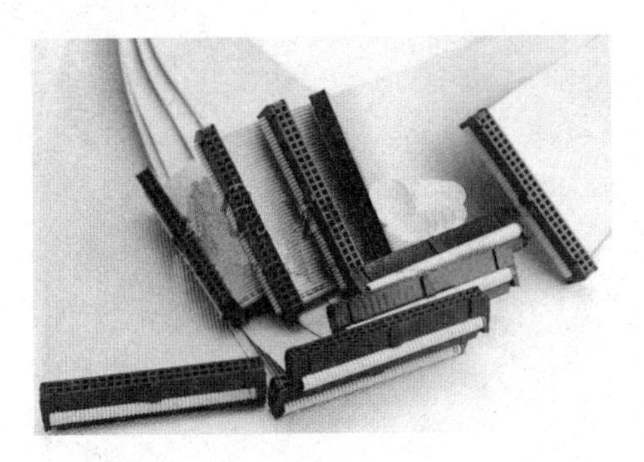

图 4.18　两款已接好的扁平电缆组件

扁平电缆的连接大都采用穿刺卡接方式或用插头连接，接头内有与扁平电缆尺寸相对应的 V 形接线簧片，在压力作用下，簧片刺破电缆绝缘皮，将导线压入 V 形刀口，并紧紧挤压导线，获得电气接触。这种连接方法需要有专用压线工具。如图 4.18 所示，是压好的扁平电缆组件。

另外还有一种扁平连接电缆，导线的间距为 2.54mm，芯线为单股或 2～3 根线绞合。这种连接线一般是用于印制板之间的连接，常用锡焊方式连接，如图 4.19 所示。

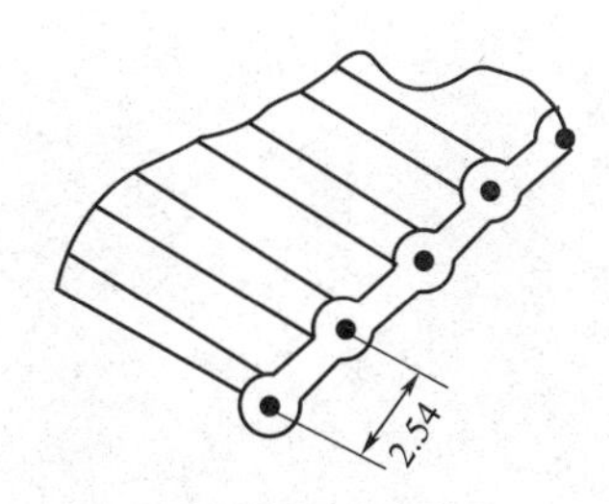

图 4.19　扁平连接电缆

② 聚氯乙烯屏蔽电缆线的装配　聚氯乙烯屏蔽电缆线，因为其外层护套的材料是聚氯乙烯故得其名。聚氯乙烯屏蔽线多为同轴电缆，在屏蔽层内有一根或多根软导线，常用于电子设备内部和外部之间低电平信号传输的电气连线，在音频系统和视频系统中也常采用这种屏蔽线。如图 4.20 所示，是聚氯乙烯屏蔽线。

常用音频电缆线的装配一般都是焊接到插头和插座上，如图 4.21 所示，是已经焊接好接头的音频电缆。

③ 射频电缆线的装配　射频电缆线属于阻抗为 75Ω 的不平衡型电缆，用于传输高频信号和视频信号。如图 4.22 所示，是 75Ω 阻抗不平衡型射频电缆。

常用射频和视频电缆线的装配也都是采用插头和插座，实现电气连接的方法有焊接也有插接的，如图 4.23 所示，是采用焊接方式实现电气连接的视频电缆。

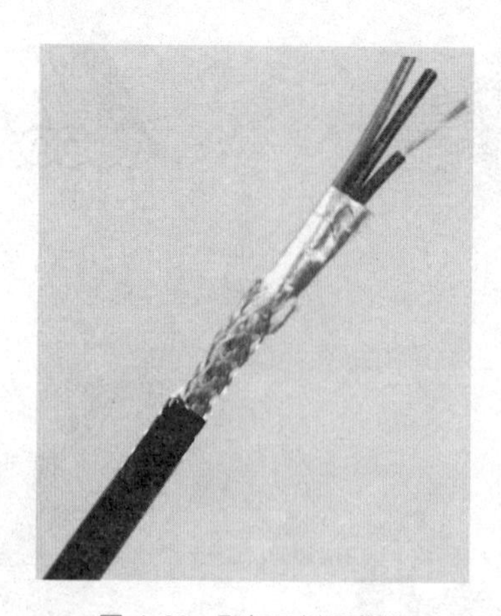

图 4.20　聚氯乙烯屏蔽线

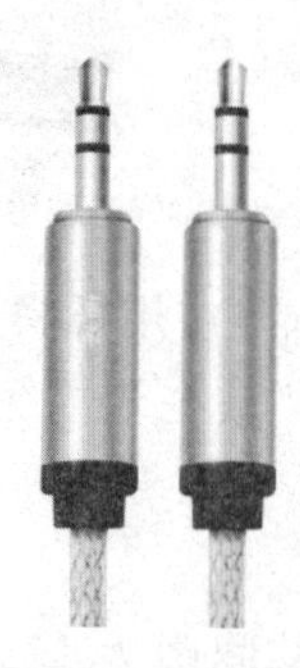

图 4.21　焊接好接头的音频电缆

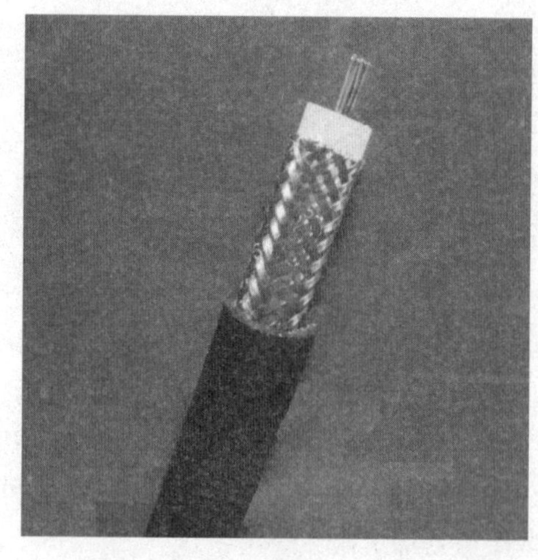

图 4.22　75Ω 阻抗不平衡型射频电缆

采用插接方式实现装配的射频和视频电缆线，需要采用专用的接插件，一般称为 F 头，并且 F 头的螺纹有公制和英制两种规格，在使用时，接插件的插头和插座必须是同一种规格。如图 4.24 所示，是两种 F 头的外形。家庭中使用的电视机与墙壁上电视插座的连线就是采用 F 头实现连接的。

近几年家庭电视一般都与机顶盒连接，连接电缆线一般是三根，两根是音频线，一根是

图 4.23　连接好插头的视频电缆

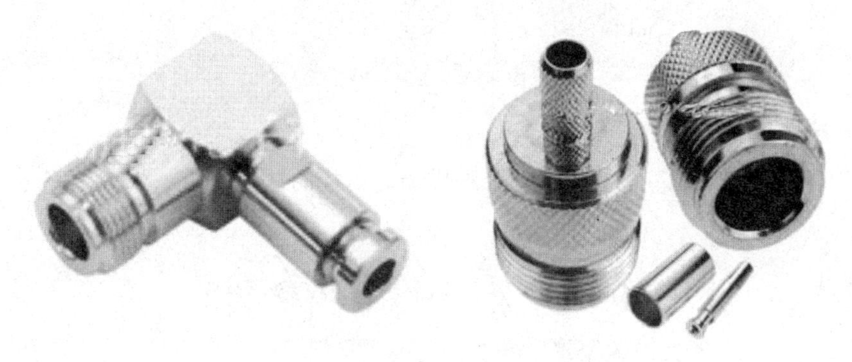

图 4.24　两种 F 头的外形

视频线，都采用莲花插头实现连接。如图 4.25 所示，是两个莲花插头的外形。

图 4.25　两个莲花插头的外形

4.3 其他连接装配方式

除了焊接之外，还有一些连接方式在电子产品的装配中经常被使用，例如压接、绕接、胶结、螺接和铆接。

4.3.1 压接

与其他连接方法相比，压接有其特殊的优点：温度适应性强、耐高温也耐低温、连接机械强度高、无腐蚀、电气接触良好，在导线的连接中应用最多。

压接通常是将导线压到接线端子中，在外力的作用下使端子变形挤压导线，形成紧密接触，如图 4.26 所示。

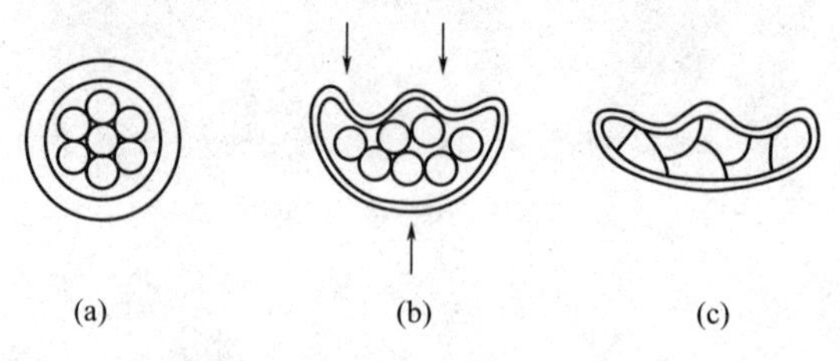

图 4.26 压接示意图

(1) 压接端子

压接端子主要有图 4.27(a) 所示的几种类型，压接的过程如图 4.27(b) 所示。

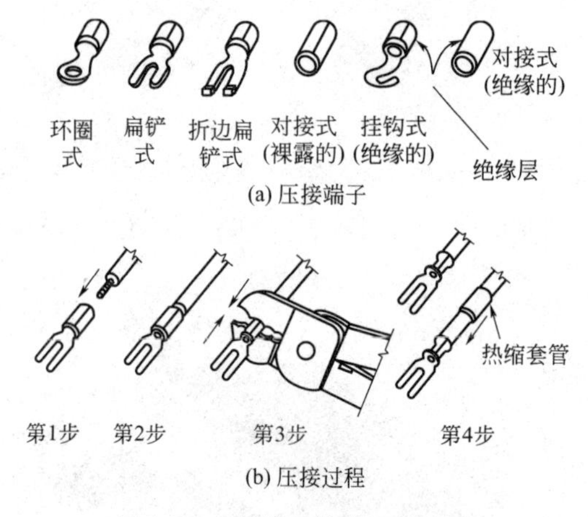

图 4.27 压接端子类型和压接过程

(2) 压接工具

压接需要使用专用工具，常用的手工压接工具是压接钳。在工厂的批量生产中常用半自动或自动压接机完成从切断电线、剥线头到压接完毕的全部工序。在产品的研制工作中也可用普通钳子完成压接的操作。如图 4.28 所示，是一款压接钳的外形。

(3) 压接步骤

压接过程的操作因使用不同的工具而有各自的压接方法，一般的操作步骤如下。

① 剥线。将电缆的外皮剥掉露出线缆。

② 调整工具。将压接钳的压接口径找好，保证压接后各导线间的接触良好。

③ 压线。使用压接钳将电缆线压接。

图 4.28 一款压接钳的外形

4.3.2 绕接

绕接是直接将导线缠绕在接线柱上，形成电气和机械连接的一种连接技术。由于绕接有独特的优点，在通信设备等要求高可靠性的电子产品中得到广泛使用，成为电子装配中的一种基本工艺。

(1) 接线端子

绕接所用的材料是接线端子和导线，接线端子（或称接线柱、绕线杆）通常由铜或铜合金制成，截面一般为正方、矩形等带有棱边的形状，如图 4.29 所示。导线则一般采用单股铜导线。

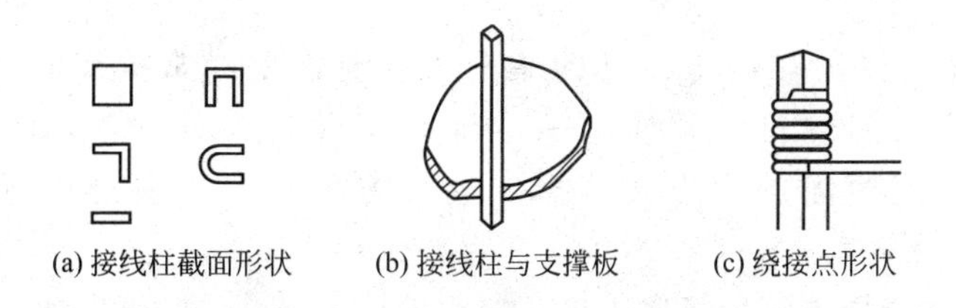

图 4.29 绕接材料及形式

绕接靠专用的绕接器将导线按规定的圈数紧密绕在接线柱上，靠导线与接线柱的棱角形成紧密连接。由于导线以一定的压力与接线柱相互缠绕形成刻痕，金属的表面氧化层被压破，使两种金属紧密接触，形成金属之间的相互扩散，从而得到良好的连接性能。

一般绕接点的接触电阻可达 1mΩ 以下。

绕接的特点主要是可靠性高，一是工作寿命长，二是工艺性好。

(2) 绕接工具

绕接需要使用专用的绕接器，也称作绕线枪。绕线枪由旋转驱动部分和绕接机构（绕头、绕套等）组成。绕头有大小不同的规格，要根据接线柱不同的尺寸及接线柱之间的距离来选用。如图 4.30 所示，是两款绕线枪的外形。

(3) 绕接步骤

绕接的操作步骤很简单：选择好适当的绕头及绕套，准备好导线并剥去一定长度的绝缘皮，将导线插入导线槽，并将导线弯曲后嵌在绕套缺口，即可将绕枪对准接线柱，开动绕线

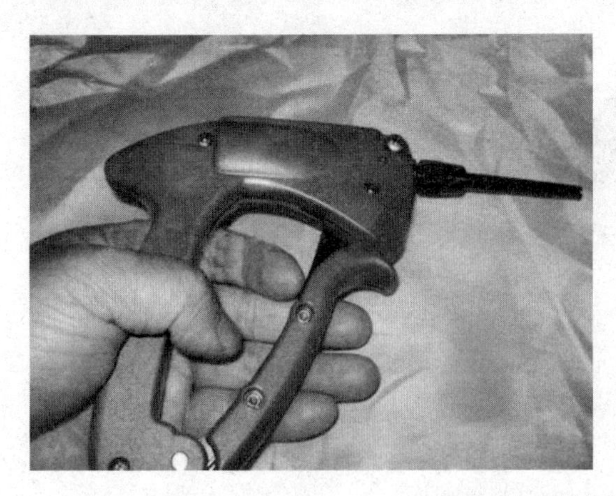

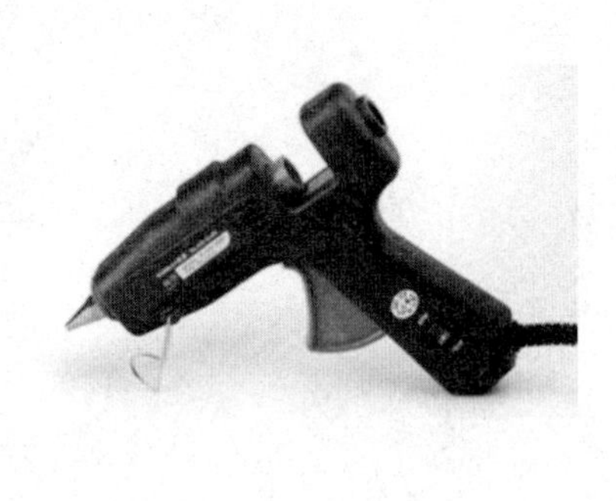

图 4.30　两款绕线枪的外形

驱动机构（电动或手动），绕线即旋转，将导线紧密绕接在接线柱上，整个绕线过程仅需0.1～0.2s。

良好的绕接点要求导线排列紧密，不得有重绕，导线不留尾。如果因绕接点的不合格或线路变动需要退绕时，可使用专门的退绕器。由于在绕接时导线会产生刻痕，所以退绕后的导线不能再使用。

4.3.3　螺接

螺接又叫螺纹连接。在电子设备的装配中，对需要经常拆卸的部件，广泛采用螺纹连接。这种连接是用螺钉、螺栓、螺母等紧固件，将各种零部件或元器件连接起来的连接方式。螺接的优点是连接可靠，装拆方便，可方便地表示出零部件的相对位置。

螺纹连接主要有螺栓连接、螺钉连接、双头螺栓连接、紧定螺钉连接四种基本形式。

(1) 螺栓连接

螺栓连接就是普通的螺钉与螺母连接，是最简单的螺纹连接。只要将螺钉与螺母的型号选择一致，即可实现紧固连接。比如用 M3 的螺钉配合 M3 的螺母，还要选择的是螺钉的长度，这需要根据被紧固件的厚度加以选择。如图 4.31 所示，是螺栓连接的外形。

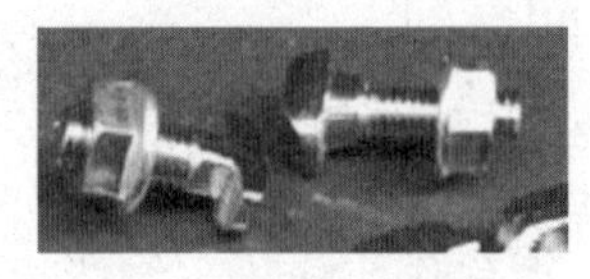

图 4.31　螺栓连接的外形

(2) 螺钉连接

螺钉连接一般用于无法放置螺母的场合，是螺钉和没有单独螺母的连接，在其中一个被连接件上需制出和螺钉直径、长度相吻合的螺纹孔。装配时，将螺钉直接拧入被连接件的螺纹孔中，达到机械连接的目的。

螺钉连接一般需要使用两个以上成组的螺钉，在紧固时一定要做到交叉对称，分步拧紧。如图4.32所示，是螺钉连接的螺钉外形。

图4.32　螺钉连接的螺钉外形

在紧固螺钉时，一般应垫平垫圈和弹簧垫圈，拧紧程度以弹簧垫圈切口被压平为准。螺钉紧固后，有效螺纹长度一般不得小于3扣，螺纹尾端外露长度一般不得小于1.5扣。若是使用沉头螺钉，紧固后螺钉头部应与被紧固零件的表面保持平整，允许稍低于零件表面，但不得低于0.2mm。

(3) 双头螺栓连接

双头螺栓连接就是将螺栓插入被连接体，两端用螺母固定，达到机械连接的目的。这种连接主要用于厚板零件或需经常拆卸、螺纹孔易损坏的连接场合。如图4.33所示，是双头螺栓的外形。

图4.33　双头螺栓的外形

(4) 紧定螺钉连接

紧定螺钉连接就是将紧定螺钉通过第一个零件的螺纹孔后，顶紧已调整好位置的另一个零件，以固定两个零件的相对位置，达到机械连接防松动的目的，这种连接主要用于各种旋钮和轴柄的固定。如图4.34所示，是一款内六角紧定螺钉的外形。

(5) 螺钉防松的措施

螺纹连接是比较普遍的连接方法，但是螺纹连接的应力比较集中，在整机受到振动或冲击严重的情况下，螺纹容易松动，必须采取防止螺钉防松的措施。常用的防止螺钉松动的方法有三种，可以根据具体安装的对象选用。

① 加装防松垫圈　在螺母的下面加装一个垫圈，可以有效地防止螺钉松动。如图4.35

图 4.34　一款内六角紧定螺钉的外形

所示，是一款防松垫圈的外形。

图 4.35　一款防松垫圈的外形

② 使用双螺母紧固　有些紧固安装要求比较高，可以在一个螺杆上安装两个螺母，也可以有效地防止螺钉松动。如图 4.36 所示，是使用双螺母紧固的外形。

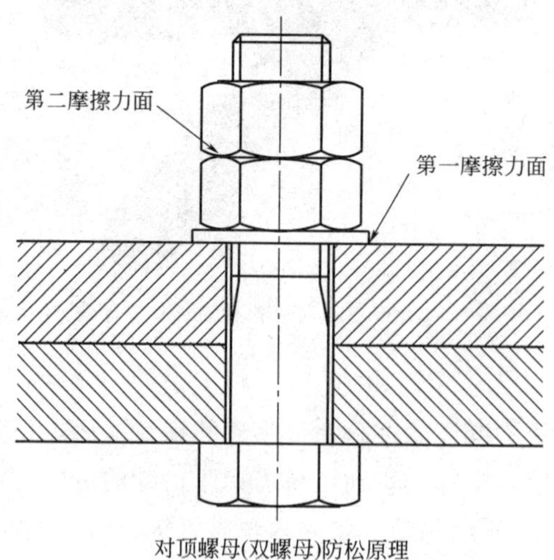

图 4.36　使用双螺母紧固的外形

③ 使用防松漆　在紧固安装时，可以在螺杆上涂抹一点油漆，当安装完螺母后，过一段时间，油漆干了以后，也可以有效地防止螺钉松动。如图 4.37 所示，是在螺杆上涂抹完油漆。

图 4.37 在螺杆上涂抹完油漆

4.3.4 胶结和铆接

(1) 胶结

胶结装配就是用胶黏剂将零件粘结在一起的装配方法，属于不可拆卸性连接。胶结最大的优点是工艺简单，不需专用的工艺设备，成本低，减轻质量，被广泛用于小型元器件的固定和不便于使用螺纹装配或铆接装配的零件装配中。

胶结一般要经过表面处理、胶黏剂的调配、涂胶、固化、清理和胶缝检查几个工艺过程。胶结质量的好坏主要取决于胶黏剂的性能。

(2) 铆接

除了压接、绕接、胶结和螺纹连接外，还有一种连接方式叫铆接，就是用铆钉等紧固件，将各种零部件或元器件连接起来的连接方式。目前，在一些小型零部件的装配中仍在使用。

电子装配中所用的铆钉主要有空心铆钉、实心铆钉和螺母铆钉几类。如图 4.38 所示，是一款实心铆钉和螺母的外形。

图 4.38 一款实心铆钉和螺母的外形

实心铆钉主要由铜或铝合金制成，主要用于连接不需要拆卸的两种材料。螺母螺钉一般用铜合金制作，主要用于机壳、机箱的制作中。空心铆钉一般由黄铜或紫铜制成，是电子制作中使用较多的一种电气连接铆钉。

铆接除了极少部分可以用手工实现以外，最主要的是需要使用专用铆接工具。如图 4.39 所示，是一款液压铆接机的外形。

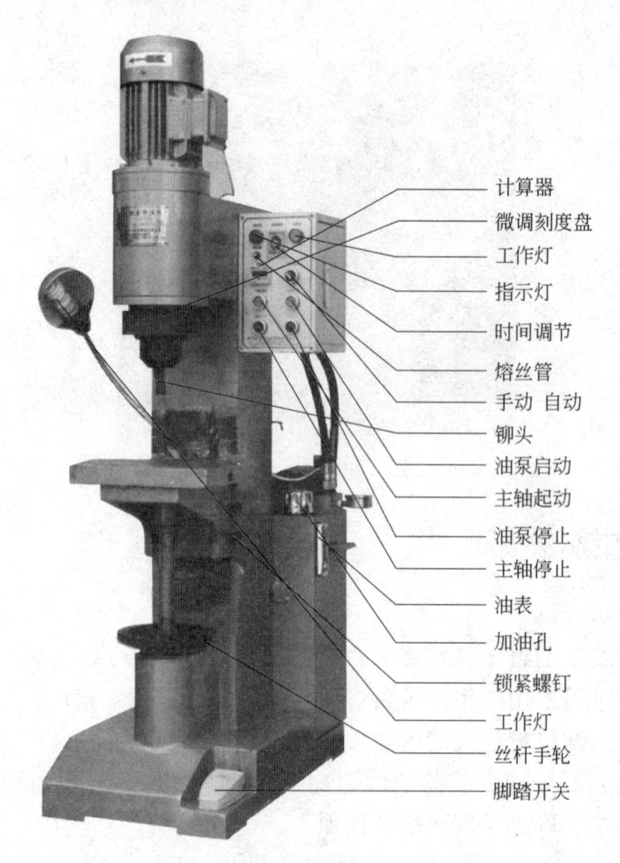

图 4.39 一款液压铆接机的外形

第5章 电子元器件的焊接技术

电子元器件安装到印制电路板上以后，把电子元器件牢固地焊接并实现电气连接，是电子装配的下一个工序，也是从事电子技术的工作人员所必须掌握的技能。有一个资深的电子设备维修人员说过：若一个人能把一块集成电路从板上拆装十遍而保证元件和印制板的完好，那他就是一个高级的焊接工了。

焊接有手工焊接和自动焊接两种方法，在电子产品的研发试制阶段和电子产品的维修阶段，基本上是依靠手工焊接。在电子产品的批量生产阶段，主要是自动焊接或者是半自动焊接。

5.1 手工锡焊

手工焊接时，采用合适的焊接工具是保证电子产品焊接质量的重要环节。

5.1.1 手工锡焊工具

电烙铁是最常用的手工焊接工具，被广泛用于各种电子产品的生产与维修，常见的电烙铁及烙铁头形状示意图如图 5.1 所示。

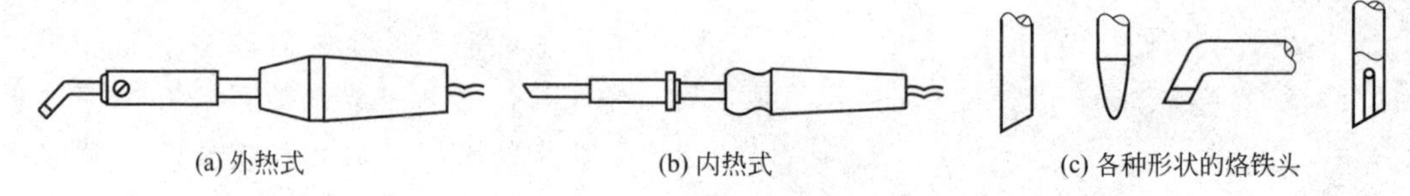

图 5.1 常见的电烙铁及烙铁头形状示意图

(1) 电烙铁的类型

常见的电烙铁分为内热式、外热式、恒温式和吸锡式。

① 内热式电烙铁　内热式电烙铁具有发热快、体积小、重量轻、效率高等特点，因而得到普遍应用。

常用的内热式电烙铁的规格有 20W、35W、50W 等，20W 烙铁头的温度可达 350℃左右。电烙铁的功率越大，烙铁头的温度就越高，可焊接的元件可大一些。焊接集成电路和小型元器件选用 20W 内热式电烙铁即可。如图 5.2 所示，是一款具有长寿命烙铁头的内热式电烙铁。

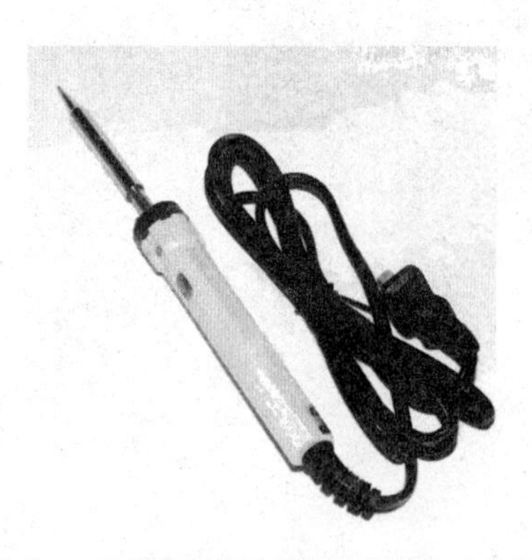

图 5.2 一款具有长寿命烙铁头的内热式电烙铁

② 外热式电烙铁　外热式电烙铁的功率比较大，常用的规格有 35W、45W、75W、100W 等，适合于焊接被焊接物比较大的元件。它的烙铁头可以被加工成各种形状以适应不同焊接面的需要。如图 5.3 所示，是一款具有长寿命烙铁头的外热式电烙铁。

③ 恒温式电烙铁　恒温电烙铁是用电烙铁内部的磁控开关来控制烙铁的加热电路，使烙铁头保持恒温。当磁控开关的软磁铁被加热到一定的温度时，便失去磁性，使电

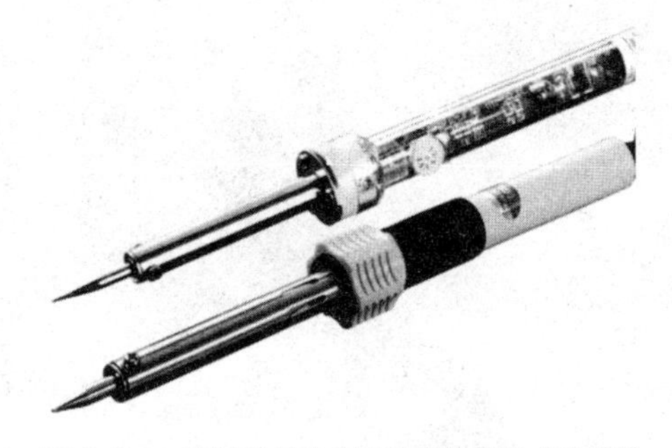

图5.3　一款具有长寿命烙铁头的外热式电烙铁

路中的触点断开，自动切断电源。如图5.4所示，是两款具有长寿命烙铁头的可调恒温式电烙铁。

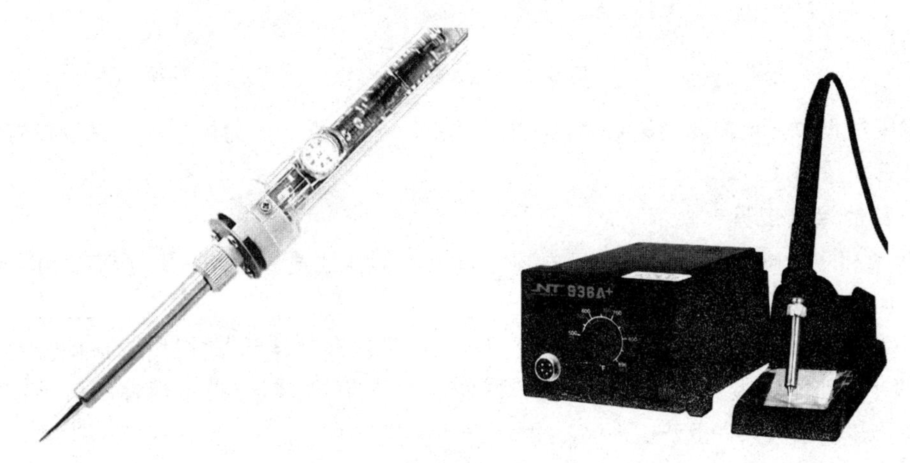

图5.4　两款具有长寿命烙铁头的可调恒温式电烙铁

④ 吸锡式电烙铁　吸锡式电烙铁是拆除焊件的专用工具，可将焊接点上的焊锡熔化后吸除，使元件的引脚与焊盘分离。操作时，先将烙铁加热，再将烙铁头放到焊点上，待焊接点上的焊锡熔化后，按动吸锡开关，即可将焊点上的焊锡吸入电烙铁手柄内部的空腔内，这个步骤有时要反复进行几次才行。如图5.5所示，是一款吸锡式电烙铁，可以看到其烙铁头是中空的形状，在手柄上有一个按压开关，可以控制是否吸锡。

（2）电烙铁使用前的处理

① 安全检查　新买来的电烙铁在使用前必须要做安全检查。可用万用表检查烙铁的电源线有无短路和开路，再测量一下电烙铁的外壳是否有漏电现象，还要检查一下电烙铁电源线的装接是否牢固、手柄上的电源线是否被螺钉顶紧、电源线的套管有无破损等。

② 新烙铁头的处理　新买的烙铁一般不能直接使用，因为其烙铁头上有一层氧化膜，会导致烙铁头“不吃锡”，要先将新烙铁头进行“上锡”后方能使用。

“上锡”的具体操作方法是：将电烙铁通电加热，趁热用锉刀将烙铁头上的氧化层锉掉，在烙铁头的新表面上熔化带有松香的焊锡，直至烙铁头的表面薄薄地镀上一层锡为止，这样的电烙铁就可以使用了。

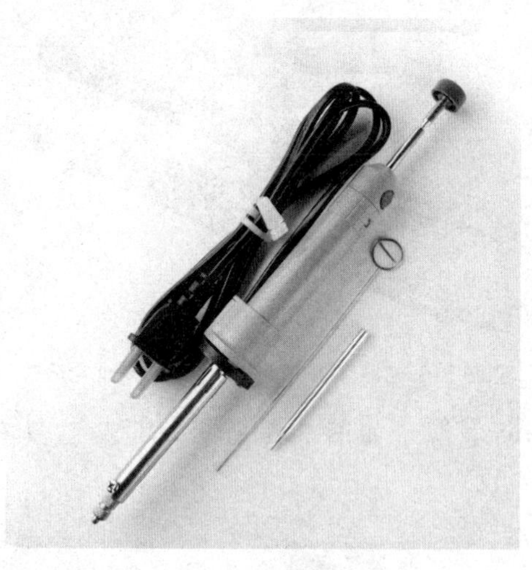

图 5.5　一款吸锡式电烙铁

在使用过程中，也需要经常对烙铁头进行处理，将发黑的氧化层去掉，保持在烙铁头的表面始终有一层锡才行。

(3) 其他焊接工具

① 尖嘴钳　尖嘴钳的主要作用是在连接点上夹持导线或元件引线，也经常用来对元件引脚进行加工成型。

② 偏口钳　偏口钳又称斜口钳，主要用于切断导线和剪掉元器件过长的引线。

③ 镊子　镊子的主要用途是摄取微小器件，在进行焊接时夹持被焊件的引线，以防止被焊件移动和帮助被焊件散热。

④ 旋具　旋具又称改锥或螺丝刀。旋具有十字旋具和一字旋具两种，主要用于拧动螺钉及调整元器件的可调部分。

⑤ 小刀　小刀主要用来刮去导线和元件引线上的绝缘物和氧化物，使之易于上锡。

5.1.2　手工锡焊方法

(1) 手工锡焊的手法

① 焊锡丝的拿法　焊锡丝一般有两种拿法，如图 5.6 所示。由于在焊锡丝的成分中，铅占一定的比例，而众所周知铅是对人体有害的重金属，因此在进行焊接操作时，应该戴手套拿焊锡丝或在操作后立即洗手，避免将微量焊锡成分食入口中。

在焊接过程中，用手将焊锡丝向前送进到烙铁头的表面上即可。

② 电烙铁的握法　根据电烙铁功率的大小、手柄的形状和被焊件要求的不同，电烙铁的握法一般有 3 种：正握法、反握法和握笔法。如图 5.7 所示，是正握法、反握法和握笔法的示意图。

使用电烙铁时要配置烙铁架，烙铁架一般放置在工作台的右前方，使用完电烙铁后一定要将电烙铁稳妥放置在烙铁架上，并注意电烙铁的电源线不要碰到烙铁头，以免被烙铁烫坏绝缘层后发生短路故障。如图 5.8 所示，是一款烙铁架。

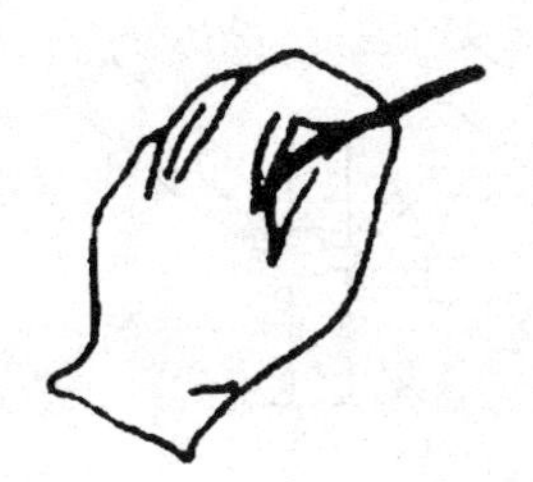
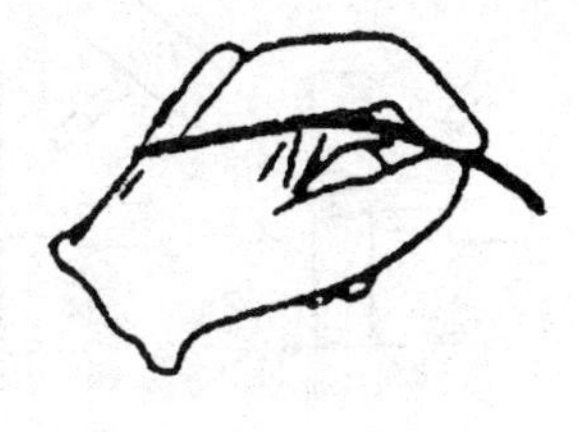

图 5.6　焊锡丝的两种拿法

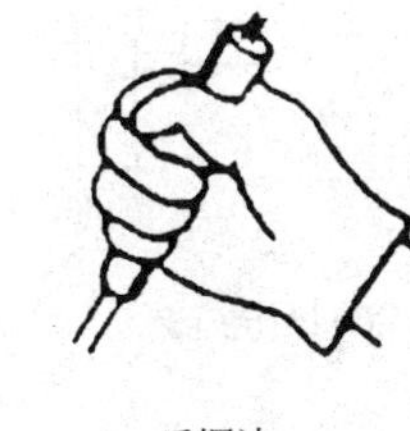
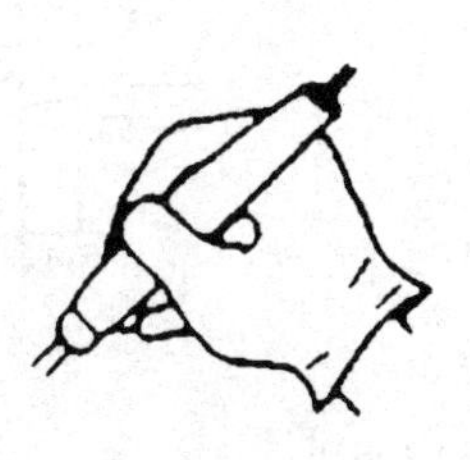

正握法　　反握法　　握笔法

图 5.7　电烙铁正握法、反握法和握笔法的示意图

图 5.8　一款烙铁架

(2) 手工焊接的基本步骤

手工焊接时，常采用五步操作法，如图 5.9 所示。

① 准备工作　首先把被焊件、焊锡丝和烙铁准备好，处于随时可焊的状态。

② 加热被焊件　把烙铁头放在接线端子和引线上进行加热。

③ 放上焊锡丝　被焊件经加热达到一定温度后，立即将手中的焊锡丝触到被焊件上使之熔化。

④ 移开焊锡丝　当焊锡丝熔化一定量后（焊料不能太多），迅速移开焊锡丝。

⑤ 移开电烙铁　当焊料的扩散范围达到要求后迅速移开电烙铁。

(3) 焊料多少的控制

若使用焊料过多，则多余的焊锡会流入焊盘的孔中或者堆积成球形，容易造成连

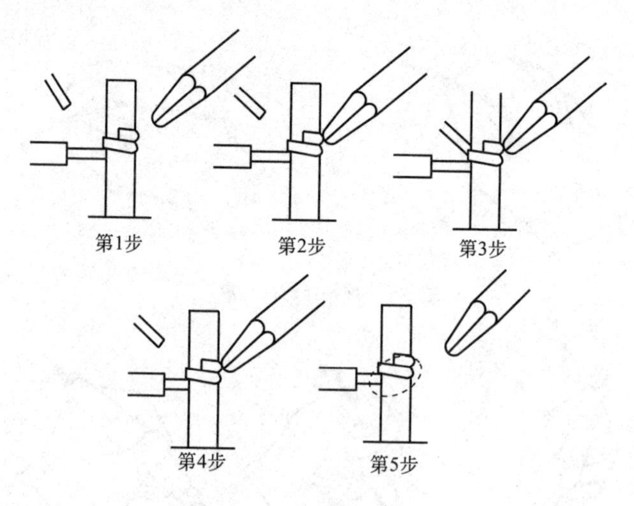

(a) 操作步骤

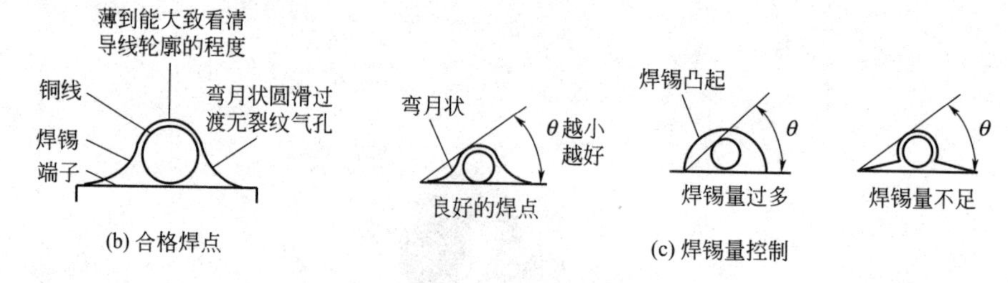

(b) 合格焊点　　(c) 焊锡量控制

图 5.9　手工锡焊五步操作法

焊；若使用焊料太少，则被焊接件与焊盘不能良好结合，机械强度不够，容易造成开焊。

焊盘上焊料多少的控制如图 5.10 所示。

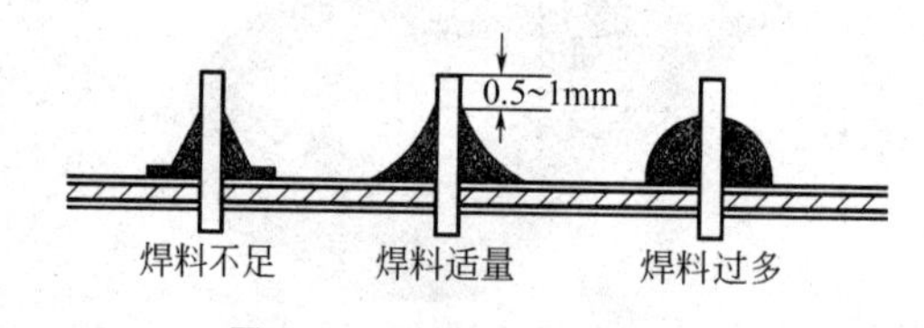

图 5.10　焊盘上焊锡量的控制

5.1.3　手工锡焊的操作技巧

为了保证焊接质量，作者结合自身的工作经验，总结了五个“对”，不失为手工焊接的诀窍。

(1) 对焊件要先进行表面处理

手工焊接中遇到的焊件是各种各样的电子元件和导线，除非在规模生产条件下使用“保鲜期”内的电子元件，一般情况下遇到的焊件都需要进行表面清理工作，去除焊接面上的锈迹、油污等影响焊接质量的杂质。手工操作中常用机械刮磨和用酒精擦洗等简单易行的方法。

(2) 对元件引线要先进行镀锡

镀锡就是将要进行焊接的元器件引线或导线的焊接部位预先用焊锡润湿，一般也称为上锡。镀锡对手工焊接特别是进行电路维修和调试时可以说是必不可少的。如图 5.11 所示，是给元件引线镀锡的方法。

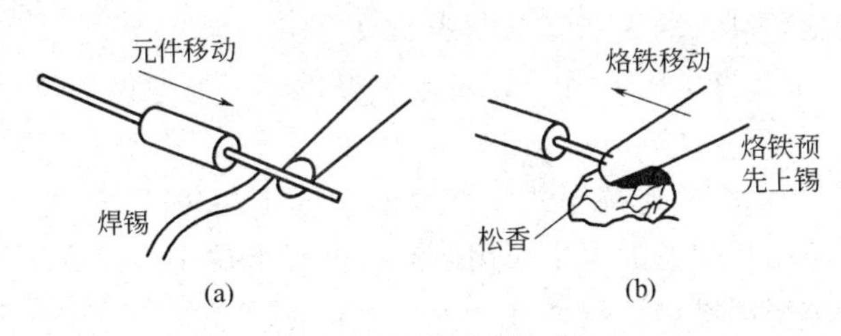

图 5.11 给元件引线镀锡

(3) 对助焊剂不要过量使用

适量的助焊剂是必不可缺的，但不要认为越多越好。过量的松香不仅造成焊接后焊点周围需要清洗的工作量，而且延长了加热时间（松香熔化、挥发需要并带走热量），降低了工作效率，而且若加热时间不足，非常容易将松香夹杂到焊锡中形成“夹渣”缺陷；对开关类元件的焊接，过量的助焊剂容易流到触点处，从而造成开关接触不良。

合适的助焊剂量应该是松香水仅能浸湿将要形成的焊点，不要让松香水透过印刷板流到元件面或插座孔里（如 IC 插座）。若使用有松香芯的焊锡丝，则基本上不需要再涂助焊剂。

(4) 对烙铁头要经常进行擦蹭

在焊接过程中，烙铁头长期处于高温状态，又接触助焊剂等受热分解的物质，烙铁头的铜表面很容易氧化而形成一层黑色杂质，这些杂质形成了隔热层，使烙铁头失去了加热作用。因此要随时在烙铁架上蹭去烙铁头上的杂质，用一块湿布或湿海绵随时擦蹭烙铁头，是非常有效的方法。

(5) 对焊盘和元件加热要有焊锡桥

在手工焊接时，要提高烙铁头加热的效率，需要形成热量传递的焊锡桥。所谓焊锡桥，就是靠烙铁上保留少量的焊锡作为加热时烙铁头与焊件之间传热的桥梁。显然由于金属液体的导热效率远高于空气，会使元件和焊盘很快被加热到适于焊接的温度。

5.1.4 具体焊件的锡焊技巧

掌握焊接的原则和要领对正确操作是必要的，但仅仅依照这些原则和要领并不能解决实际操作中的各种问题，实际经验是不可缺少的。借鉴他人的成功经验，遵循成熟的焊接工艺是初学者掌握焊接技能的必由之路。这里给出作者总结的亲身经验，供初学者参考。

(1) 印制电路板的焊接

印制电路板的焊接在整个电子产品制造中处于核心的地位，可以按照下列方法进行操作。

① 先对印制板和元器件进行检查　焊接前应对印制板和元器件先进行检查，检查内容主要包括：印制板上的铜箔、孔位及孔径是否符合图纸要求，有无断线、缺孔等，表面处理是否合格，有无污染。元器件的品种、规格及外封装是否与图纸吻合，元器件的引线有无氧化和锈蚀，检查重点是印制板的铜箔有无断线和缺孔。

② 对电路板进行焊接的注意事项　焊接印制板，除了要遵循锡焊要领外，以下几点需特别注意。

一般应选内热式20～35W或调温式，烙铁的温度不超过300℃为宜。烙铁头形状的选择也很重要，应根据印制板焊盘的大小采用凿形或锥形烙铁头。目前印制板的发展趋势是小型密集化，因此采用小型圆锥烙铁头为宜。

给元件引线加热时应尽量使烙铁头同时接触到印制板上的铜箔，对较大的焊盘（直径大于5mm）进行焊接时可移动烙铁使烙铁头绕焊盘转动，以免长时间对某点焊盘加热导致局部过热开胶，如图5.12所示。

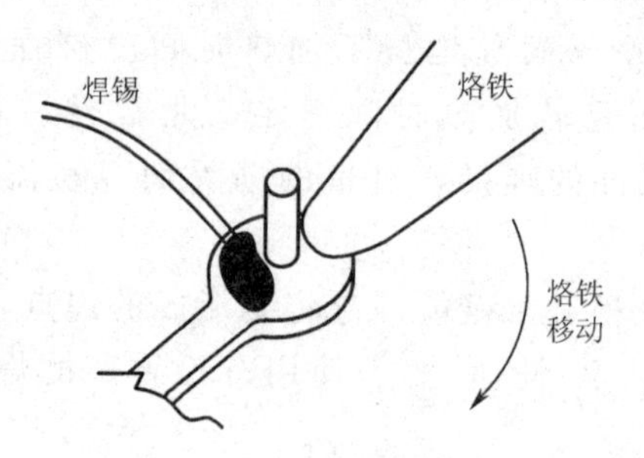

图5.12　对大焊盘的加热焊接

对双层电路板上的金属化孔进行焊接时，不仅要让焊料润湿焊盘，而且要让孔内也要润湿填充，如图5.13所示，因此对金属化孔的加热时间应稍长。

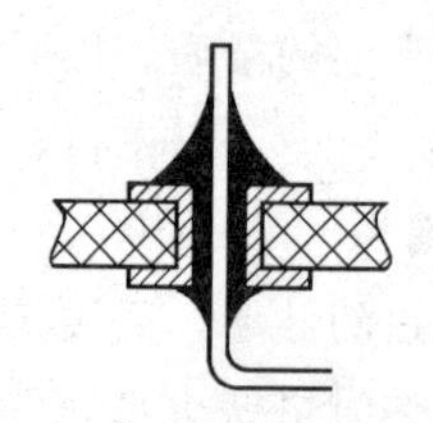

图5.13　对金属化孔的焊接

焊接完毕后，要剪去元件在焊盘上的多余引线，检查印制板上所有元器件的引线焊点是否良好，及时进行焊接修补。对有工艺要求的要用清洗液清洗印制板，使用松香焊剂的印制板一般不用清洗。

（2）导线的焊接

导线的焊接在电子产品中占有重要位置，导线焊点的失效率远高于元件在印制电路板上的焊点，所以要对导线的焊接质量给予特别的重视。

① 常用连接导线　在电子电路中常使用的导线有三类：单股导线、多股导线和屏蔽线。

② 导线的焊前处理　导线在焊接前要除去其末端的绝缘层，剥绝缘层可以用普通工具或专用工具。在工厂的大规模生产中，使用专用机械给导线剥绝缘层，在产品的维修过程

中，一般可用剥线钳或简易剥线器给导线剥绝缘层，如图 5.14 所示。

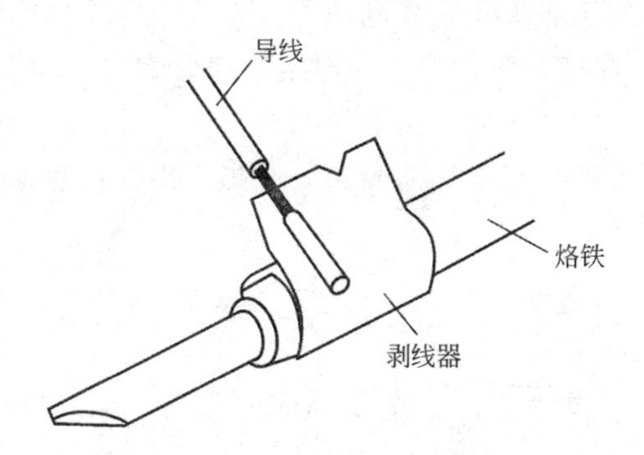

图 5.14 简易剥线器的使用

可以自制一个简易剥线器，用 0.5～1mm 厚度的铜片经弯曲后固定在电烙铁上，就成为一个简易剥线器，使用它的最大好处是不会损伤导线。

使用普通的偏口钳剥除导线的绝缘层时，要注意对单股线不应伤及导线，对多股线和屏蔽线要注意不断线，否则将影响接头质量。

对多股导线剥除绝缘层的技巧是将线芯拧成螺旋状，可以采用边拽边拧的方式，如图 5.15 所示。

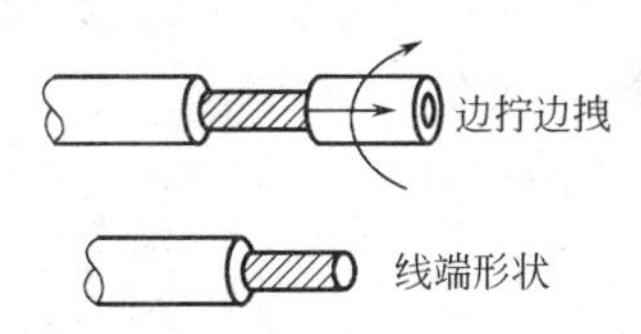

图 5.15 多股导线的剥线技巧

对导线先进行上锡是保证焊接质量的关键步骤，尤其是对多股导线的焊接，如果没有对导线先进行上锡，焊接的质量很难保证。

③ 导线与接线端子之间的焊接　导线与接线端子之间的焊接有三种基本形式：绕焊、钩焊和搭焊，如图 5.16 所示。

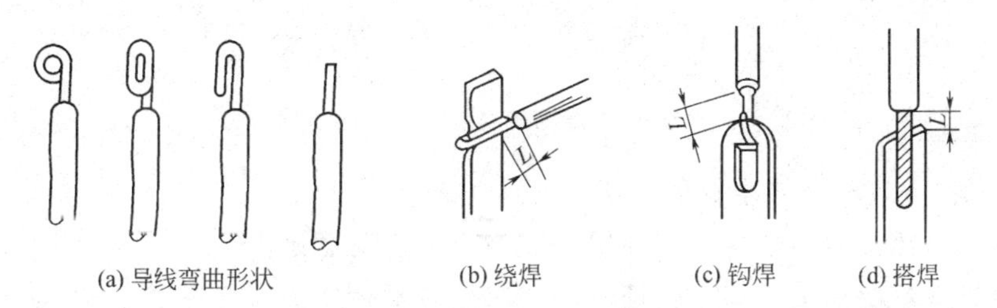

图 5.16 导线与端子之间的焊接形式

绕焊是把已经上锡的导线头在接线端子上缠一圈，用钳子拉紧缠牢后再进行焊接。注意导线一定要紧贴端子表面，使导线的绝缘层不接触端子，一般 $L=1$～3mm 为宜。这种连接可靠性最好。

钩焊是将导线端子弯成钩形，钩在接线端子的孔内，用钳子夹紧后施焊。这种焊接方法强度低于绕焊，但操作比较简便。

搭焊是把经过上锡的导线搭到接线端子上施焊。这种焊接方法最方便，但强度可靠性最差，仅用于临时焊接或不便于缠焊、钩焊的地方。

④ 导线与导线之间的焊接　导线之间的焊接以绕焊为主，如图 5.17 所示。操作步骤如下：先给导线去掉一定长度的绝缘皮，再给导线头上锡，然后穿上粗细合适的热缩套管，将两根导线绞合后施焊，最后趁热套上热缩套管，使焊点冷却后热缩套管固定在焊接头处。

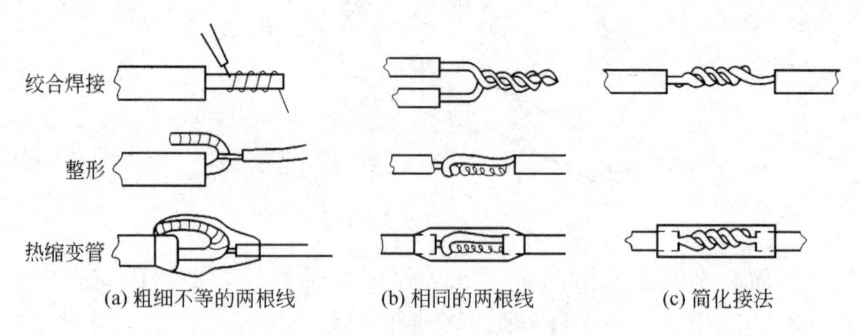

图 5.17　导线与导线之间的焊接

(3) 铸塑元件的锡焊技巧

许多有机材料如有机玻璃、聚氯乙烯、聚乙烯、酚醛树脂等材料，现在被广泛用于电子元器件的制造中，许多开关和插接件都是采用热铸塑的方式制成的，它们最大的弱点就是不能承受高温。当需要对铸塑材料中的导体接点施焊时，如控制不好加热时间，极容易造成塑件变形，导致元件失效或降低性能，如图 5.18 所示，是一个钮子开关因为焊接技术不当而造成失效的例子。

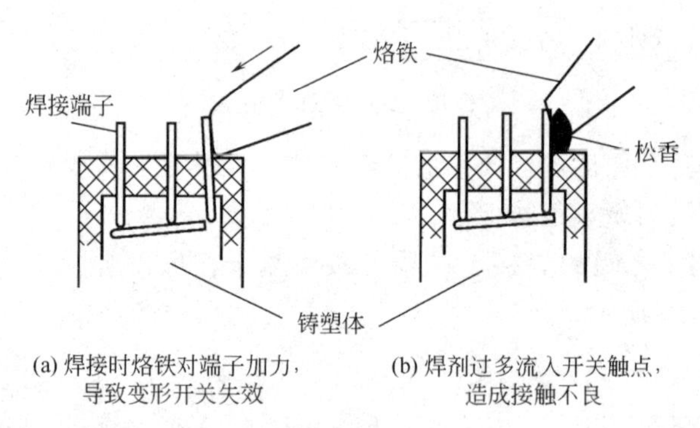

图 5.18　因焊接不当造成铸塑开关失效

对铸塑元件焊接时，要掌握的技巧有五点。

① 先处理好接点表面，保证一次镀锡成功，不能反复镀锡。

② 将烙铁头修整得尖一些，保证焊一个接点时不碰到相邻的焊接点。

③ 使用助焊剂时用量要少，防止助焊剂浸入到电接触点内部。

④ 焊接时不要对接线片施加压力。

⑤ 焊接时间在保证润湿的情况下越短越好。

(4) 弹簧片类元件的锡焊技巧

弹簧片类元件如继电器、波段开关等，它们的共同特点是在簧片制造时施加了预应力，使之产生适当的弹力，保证电接触性能良好。如果在安装和焊接过程中对簧片施加的外力过

大，则会破坏接触点的弹力，造成元件失效。

对弹簧片类元件的焊接技巧有四点。

① 焊点上有可靠的镀锡。

② 对焊片加热的时间要短。

③ 不可对焊点的任何方向加力。

④ 焊锡量宜少不宜多。

(5) 集成电路的焊接技巧

对集成电路进行焊接时，需要掌握的焊接技巧有六点。

① 集成电路的引线如果是镀金处理的，不要用刀刮，只需用酒精擦洗或用绘图橡皮擦干净就可以进行焊接了。

② CMOS型集成电路在焊接前若已将各引线短路，焊接时不要拿掉短路线。

③ 焊接时间在保证润湿的前提下，尽可能要短，不要超过3s。

④ 电烙铁最好是采用恒温230℃、功率为20W的烙铁，接地线应保证接触良好。

⑤ 烙铁头应修整得窄一些，保证焊接一个端点时不会碰到相邻的端点。

⑥ 集成电路若直接焊到印制板上时，焊接顺序应为：地端→输出端→电源端→输入端。

5.2 手工拆焊

在电子产品的焊接和维修过程中，经常需要拆换已经焊好的元器件，这就是拆焊，也叫作解焊。在实际操作中，拆焊操作比焊接操作要困难得多，若拆焊操作不得法，很容易损坏元件或破坏电路板上的焊盘及铜箔。

5.2.1 手工拆焊的原则与工具

(1) 拆焊操作的适用范围

拆焊技术适用于拆除误装误接的元器件和导线；在维修或检修过程中需更换的元器件；在调试结束后需拆除临时安装的元器件或导线等。

(2) 拆焊操作的原则

拆焊时不能损坏需拆除的元器件及导线；拆焊时不能损坏印制板上的焊盘和铜箔；在拆焊过程中不要乱拆和移动其他元器件，若确实需要移动其他元件时，在拆焊结束后应做好移动元件的复原工作。

(3) 拆焊操作所使用的工具

① 一般拆焊工具　对于少于三个引脚的元件拆焊，可用一般的电烙铁来进行。烙铁头上不要蘸锡，先用烙铁使元件一个引脚上的焊锡熔化，然后迅速用镊子拔下这个引脚，再对元件其他引脚上的焊锡加热，逐个将引脚拔出。

用一般的电烙铁拆焊时，可以配合其他辅助工具来进行，如：吸锡器、排焊管、划针等。

② 专用拆焊工具　对于多于三个引脚的元件拆焊，原则上必须使用专用拆焊工具。专用拆焊工具就是吸锡式电烙铁。专用拆焊工具适用于拆除集成电路、中频变压器等多引脚元件。

5.2.2　拆焊操作技巧

拆焊操作最重要的一是选择好合适的工具，二是要严格控制加热时间，三是要仔细掌握好用力尺度。

(1) 对少引脚元件的拆焊方法

一般电阻、电容、二极管等元件的引脚不多，对这些元器件可直接用烙铁进行拆焊，如图 5.19 所示。

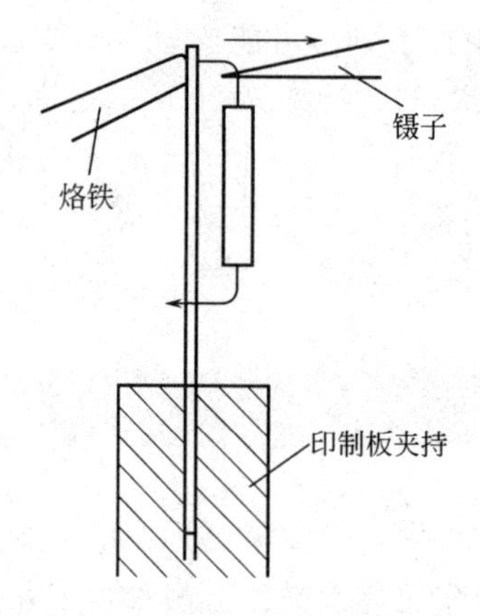

图 5.19　少引脚元件的拆焊方法

拆焊操作时，将印制电路板竖起来夹住，一边用烙铁加热待拆元件的一个焊点，一边用镊子或尖嘴钳子夹住元器件的引线，待焊点熔化后将元件引线轻轻地拉出。用同样方法，将元件的另一个引线也拔除，该元件就被从电路板上拆下来了。

将元件拆除后，必须将该元件原来焊盘上的焊锡清理干净，使焊盘孔暴露出来，以便再安装元件时使用。在需要多次在一个焊点上反复进行拆焊操作的情况下，可用图 5.20 所示的“断线拆焊法”。

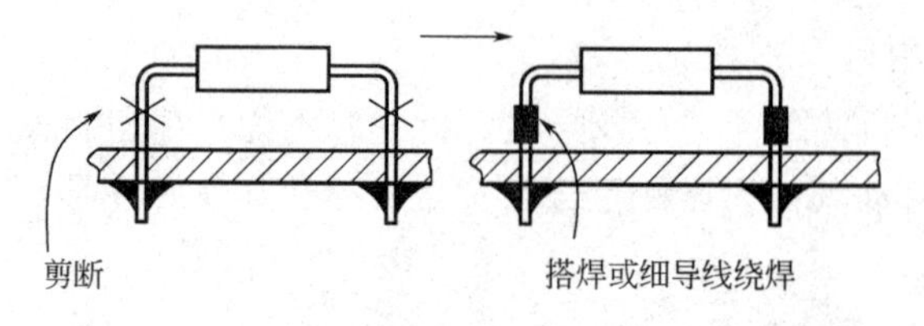

图 5.20　用断线拆焊法更换元件

(2) 对三引脚元件采用“补焊法”拆焊

作者在长期的维修实践中，创造了一种“补焊法”，对三引脚元件进行拆焊操作，非常简单实用而且可靠。

在拆焊三极管等三个引脚的元件时，如果用电烙铁对三个引脚逐个加热，极易破坏印刷

板。如果三极管的引脚焊接是呈一字形的，则在其铜箔面补上焊锡，使其三个引脚焊在一起。然后再用电烙铁加热，使三个引脚的焊锡同时熔化，用手一拔，三极管就取下来了，非常容易，而且不伤铜箔。

对于引脚焊接呈三角形的三极管，因为三个引脚的间距偏大，直接上锡困难，可用上过锡的细铜线把三个引脚先焊在一起，再采用“补焊法”，则也很容易将三极管取出。

使用此法需要注意的是：对加焊的焊锡一定要处理干净，要用细通孔针把焊盘孔通透，便于安装元器件。

(3) 多引脚元件的拆焊方法

当需要拆下有多个引线的元器件或虽然元件的引线数少但引线比较粗硬时，例如要拆下一个16脚的集成电路，用上述方法就不行了。可以根据条件采用以下两种方法进行拆焊。

① 采用自制专用工具拆焊　如图5.21所示，自己制作一个专用烙铁头，形状可以是线状或半工字状，一次就可将待拆元件的所有焊点加热。用这种方法拆焊速度快，但需要制作专用工具，同时烙铁的功率也需要比较大一些。显然这种方法对于不同形状的元器件需要制作不同形状的专用工具，有时并不是很方便，但对于专业搞维修的技术人员来说，还是比较实用的。

② 采用吸锡式电烙铁或吸锡器拆焊　吸锡式电烙铁对拆焊是很有用的，既可以拆下待换的元件，又可同时使焊孔暴露出来，而且不受元器件形状和种类的限制。但这种方法需逐个将焊点除锡，工作效率不高，而且还需要定期将吸入电烙铁吸锡腔中的焊锡清除。

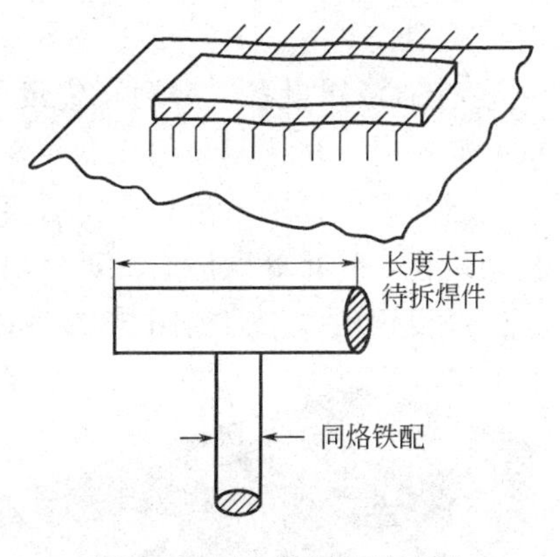

图5.21　用自制专用工具拆焊

③ 采用“拖线拆焊法”拆焊　在没有吸锡式电烙铁的条件下，如何将多引脚元件从板上拆下来而又不破坏板和元件呢？采用“拖线拆焊法”不失为一种简便易行的好方法。

找一段多股软导线，剥掉其一段塑料外皮，露出多股细铜线，将多股细铜线在松香水中浸一下，或是用热烙铁的背面（正面有锡）将多股铜线压在松香块上浸上一层薄薄的松香，然后将多股铜线放在多引脚元件的焊点上，用烙铁加热，使焊盘上的焊锡都自动吸到导线上，在加热的过程中，将导线顺着焊点拖动，再将已吸满焊锡的那段导线剪下。

反复运用拖线吸焊锡的方法将多引脚元件的焊盘孔全露出来，就可以很容易地将多引脚元件从板上拆下来了。

利用屏蔽电缆的铜丝编织线作为吸收焊锡的拖线，也是在业余拆焊中一种既实用又方便的拆焊方法。采用“拖线拆焊法”简便易行，且不损伤印制板和元件，是业余维修人员进行拆焊操作的好方法。

④ 采用空心针管拆焊　市场上有出售维修专用的空心针管，也可用医用针管改装，要选取不同直径的空心针管若干只，以适合不同直径的元件引脚。采用空心针管拆焊时，先使用电烙铁除去焊接点的焊锡，露出元件引脚的轮廓。再选用直径合适的空心针管，将针孔对准焊盘上的引脚。待电烙铁将元件引脚上的焊锡熔化后，迅速将针管插入电路板的焊孔并左右旋转，这样元器件的引线便和焊盘分开了。

⑤ 使用热风枪拆除表面贴装器件　热风枪为点热源，对单个元器件的加热较为迅速。将热风枪的温度与风量调到适当位置，对准表面贴装器件进行加热，同时用镊子夹住表面贴装器件，待能将表面贴装器件取下时，迅速使表面贴装件脱离焊盘。

5.3 工厂锡焊

电子产品的工厂焊接是指大批量生产电子产品的自动焊接技术，如浸焊、波峰焊、再流焊等，这些焊接都需要采用焊接设备来完成焊接。

5.3.1 工厂锡焊设备

(1) 浸锡焊接设备

浸锡焊接设备是适用于小型工厂进行小批量生产电子产品的焊接设备，能完成对元器件引线、导线端头、焊片及接点等焊接功能。目前使用较多的有普通浸锡设备和超声波浸锡设备两种类型。

① 普通浸锡设备　普通浸锡设备是在一般锡炉的基础上加滚动装置及温度调整装置构成的。操作时，将待浸锡的元器件先浸蘸助焊剂，再浸入锡炉。由于锡锅内的焊料在不停地滚动，增强了浸锡的效果。浸锡后要及时将多余的锡甩掉，或用棉纱擦掉。有些浸锡设备带有传动装置，使排好顺序的元器件匀速通过锡锅，自动进行浸锡，这既可提高浸锡的效率，又可保证浸锡的质量。如图 5.22 所示，是一款铅锡炉的外形。

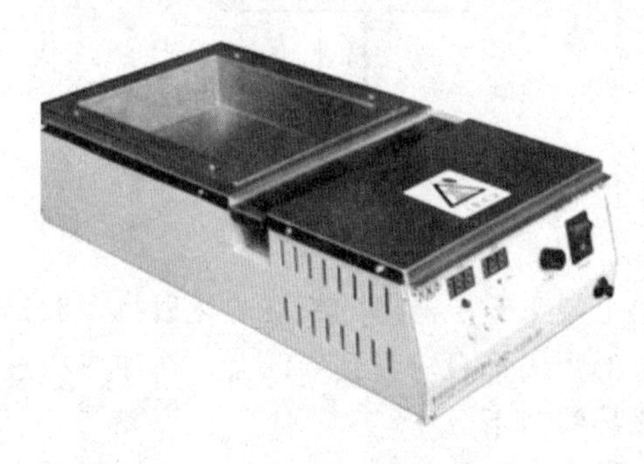

图 5.22　一款铅锡炉的外形

近年来，由于无铅焊锡技术的兴起，浸锡设备也有了新的发展，如图 5.23 所示，是一款无铅钛锡炉的外形。

② 超声波浸锡设备　超声波浸锡设备是通过向锡锅辐射超声波来增强浸锡效果的，适用于对浸锡比较困难的元器件浸锡之用。此设备由超声波发生器、换能器、水箱、焊料槽和加温控制等设备组成。

③ 全自动浸锡机　上述两款浸锡设备基本上属于半自动焊接设备，需要人工将安装好元器件的电路板放入浸锡炉，并按照一定角度倾斜电路板，才能完成元件的焊接。

全自动浸锡机只要将安装完元器件并上好助焊剂的电路板置放于针架上，然后按一次启动开关，即可一次将多片电路板焊接完成。从电路板斜角入锡到水平浸锡时间以及电路板出锡的角度，都经由微电脑控制，完全模拟手工浸锡原理，焊接速度是人工操作速度的 5 倍以上，质量稳定，大大提高了生产效率。

(2) 波峰焊接机

波峰焊接机是适用于大型工厂进行大批量生产电子产品的焊接设备。波峰焊接机利用处

图 5.23 一款无铅钛锡炉的外形

于沸腾状态的焊料波峰接触被焊件、形成浸润焊点、完成焊接过程。波峰焊接机分为单波峰焊接机和双波峰焊接机两种类型，其中双波峰焊接机对被焊处进行两次不同的焊接，一次作为焊接前的预焊，一次为主焊，这样可获得更好的焊接质量。

目前使用较多的波峰焊接机为全自动双波峰型。它能完成焊接的全部操作，包括涂敷助焊剂、预热、预焊锡、主焊接、焊接后清洗、冷却等操作。如图 5.24 所示，是一款小型波峰焊接机的外形。

图 5.24 一款小型波峰焊接机的外形

(3) 再流焊机

再流焊机又称回流焊机，是专门用于焊接表面贴装元件的设备，如现在已经广泛使用的的手机、笔记本电脑等，都是在再流焊机上完成元件焊接的。焊接表面贴装元件时，先将适量的焊锡膏涂敷在印制电路板的焊盘上，再把涂有固定胶的表面贴装元器件放到相应的焊盘位置上。

由于固定胶具有一定的黏性，可将元器件固定住，然后让贴装好元器件的印制电路板进入再流焊机的焊炉内，当焊炉内的温度上升到一定温度时，焊锡膏熔化，当温度再降低时焊锡凝固，元件与印制电路板就实现了电气连接。再流焊设备中的核心是利用外部热源对焊炉加热的过程，这个过程既要保证使焊料熔化又要不损坏元件，完成印制电路板的焊接过程。

常用的再流焊接机有红外线再流焊接机、热风再流再流焊接机、热传导再流焊接机、激光再流焊接机等。热风再流再流焊炉主要由炉体、上下加热源、PCB 传送装置、空气循环装置、冷却装置、排风装置、温度控制装置以及计算机控制系统组成。如图 5.25 所示，是一款小型再流焊接机的外形。

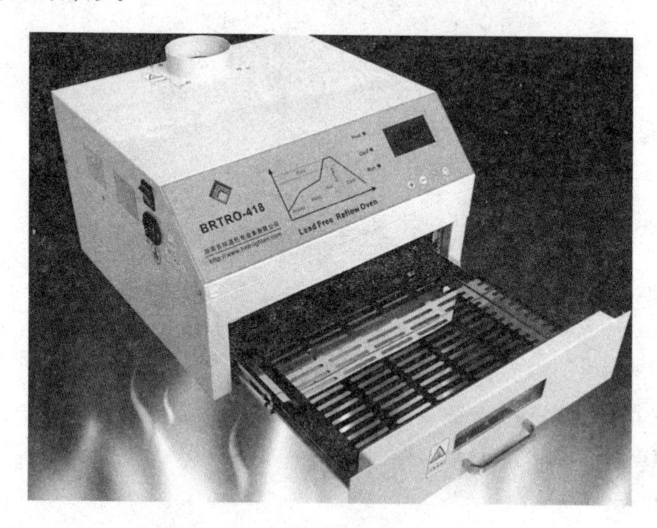

图 5.25　一款小型再流焊接机的外形

5.3.2　工厂锡焊工艺

（1）波峰焊接工艺

波峰焊是将安装好元件的印制电路板与熔融的焊料波峰相接触以实现焊接的一种方法。这种方法适用于工业进行大批量焊接，例如电视机生产线就广泛使用波峰焊进行电路板的焊接。这种焊接方法焊接质量高，若与自动插件机器相配合，就可实现电子产品安装焊接的半自动化生产。

波峰焊接的工艺流程为：将印制板（已经插好元件）装上夹具→喷涂助焊剂→预热→波峰焊接→冷却→切除焊点上的元件引线头→残脚处理→出线，如图 5.26 所示。

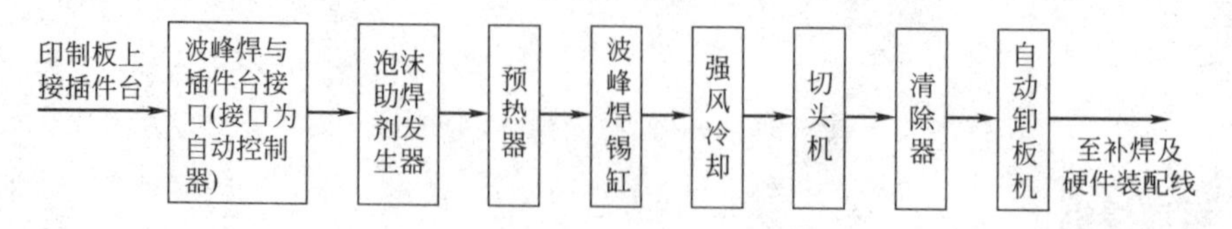

图 5.26　波峰焊接工艺流程

在波峰焊接的工艺流程中，印制板的预热温度为 60～80℃，波峰焊的焊锡温度为 240～

245℃，要求焊锡槽中的锡峰高于铜箔面1.5～2mm，焊接的时间控制在3s左右。切头工艺是用切头机对元器件暴露在焊点上的引线加以切除，清除器用毛刷对焊点上残留的多余焊锡进行清除，最后通过自动卸板机把印制电路板送往硬件装配线。

(2) 再流焊接工艺

再流焊工艺焊接效率高，元件焊接的一致性好，并且节省焊料，是一种适合自动化生产的电子产品装配技术，再流焊工艺目前已经成为表面贴装焊接技术的主流。

再流焊的加热过程可以分为预热、保温、再流焊接和冷却四个阶段，在控制系统的作用下，焊炉内的温度按照事先设定好的规律变化，完成焊接过程。

预热阶段：将焊接对象从室温逐渐加热至150℃左右，在这个过程中，焊膏中的溶剂被挥发。

保温阶段：炉内温度维持在150～160℃，在这个过程中，焊膏中的活性剂开始起作用，去除焊接对象表面的氧化层。

再流焊接阶段：炉内温度逐渐上升，当超过焊膏熔点温度的30%～40%时，炉内温度会达到220～230℃，保持这个温度过程的时间要短于10s，此时，焊膏完全熔化并润湿元件的焊端与焊盘。

冷却阶段：炉内温度迅速降低，使焊接对象迅速降温形成焊点，完成焊接。

为调整最佳工艺参数而测定温度焊接曲线，是通过温度测试记录仪进行的，这种记录测量仪一般由多个热电偶与记录仪组成，测得的参数送入计算机，用专用软件描绘曲线。

再流焊的工艺流程可用图5.27来表示。

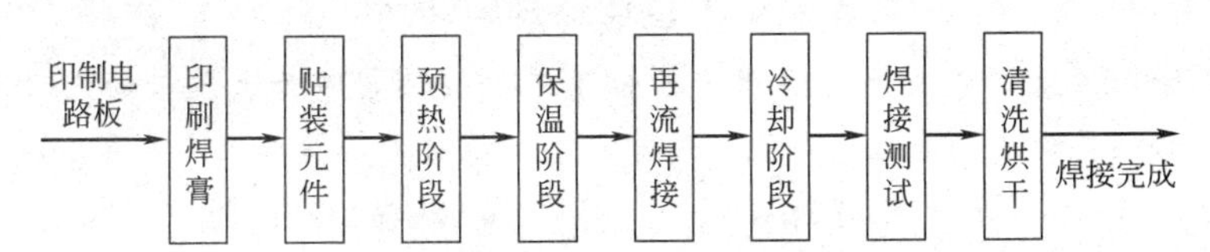

图5.27 再流焊接工艺流程

在这个过程中，印刷焊膏、贴装元器件、设定再流焊的温度曲线是最重要的工艺过程。印刷焊膏要使用焊膏印刷机，目前使用的焊膏印刷机有自动印刷机和手动印刷机。贴装元器件是将元器件安装在已经印刷有焊膏的印制电路板上，贴装要求的精度比较高，否则元器件贴不到位，就会形成错焊。现在在生产线上都采用自动贴片机。再流焊接机通过对印制电路板施加符合要求的加热过程，使焊膏熔化，将元器件焊接在印制电路板上。

再流焊的工艺要求有以下几点。

① 要设置合理的温度曲线。如果温度曲线设置不当，会引起焊接不完全、虚焊、元器件翘立（俗称“竖碑”现象）、锡珠飞溅等焊接缺陷，影响产品质量。

② SMT电路板在设计时就要确立焊接方向，并应当按照设计方向进行焊接。一般应该保证主要元器件的长轴方向与印制电路板的运行方向垂直。

③ 在焊接过程中，要严格防止传送带振动。

④ 必须对第一块印制电路板的焊接效果进行检查和判断，只有在第一块印制电路板完全合格后，才能进行批量生产。在批量生产过程中，还要定时检查焊接质量，及时对温度曲线进行修正。

与波峰焊接技术相比，再流焊中的元器件不直接浸渍在熔融的焊料中，所以元器件受到的热冲击小，能在前道工序里控制焊料的施加量，减少了虚焊、桥接等焊接缺陷，所以焊接的质量好，焊点的一致性也比较好，因而电路的工作可靠性也大大提高。

再流焊的焊料是商品化的焊锡膏，能够保证正确的组分，一般不会混入杂质，这是波峰焊接难以做到的。当然焊锡膏的价格也比一般焊锡要高出许多，再流焊接设备的价格也比较昂贵。

(3) 工厂电子产品焊接技术的发展

① 微组装锡焊技术　随着微组装技术不断涌现，目前已用于生产实践的锡焊技术有丝球焊、TAB焊、倒装焊、真空焊等。

② 无锡焊接技术　无锡焊接技术就是不用焊锡的焊接技术。现在已经问世的焊接技术主要有高频焊、超声焊、电子束焊、激光焊、摩擦焊、爆炸焊及扩散焊等。

③ 无铅焊接技术　在焊接技术中使用无铅焊料。由于铅是有害金属，人们已在使用非含铅焊料实现锡焊。目前已成功用于代替铅的有铟、铋以及甲基汞等。同时使用免洗焊膏，焊接后的电路板不用清洗，避免清洗剂污染环境。

④ 无加热焊接　用导电粘结剂将焊件粘起来，就像用普通粘结剂粘结物品一样实现电气连接。

在铝板上焊接导线的技巧

将导线焊到金属板上，最关键的问题是往金属板上镀锡。因为金属板的表面积大，吸热多且散热快，所以必须要使用功率较大的电烙铁。一般根据板的厚度和面积选用50～300W的烙铁即可。若板厚为0.3mm以下时也可用20W烙铁，只是要增加焊接的时间。

在焊接时可采用如图5.28所示的方法，先用小刀刮干净待焊面，立即涂上少量助焊剂，然后用烙铁头沾满焊锡适当用力地在铝板上做圆周运动，靠烙铁头的摩擦破坏铝板的氧化层并不断地将锡镀到铝板上。镀上锡后的铝板就比较容易焊接了。若使用酸性助焊剂如焊油时，在焊接完成后要及时将焊接点清洗干净。

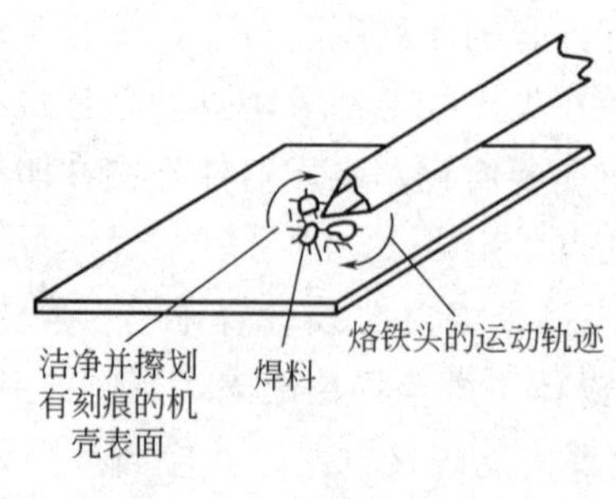

图5.28　在铝板上进行焊接的方法

第6章 表面安装元件的装配技术

电子系统的微型化和集成化是现代电子技术革命的重要标志，也是未来电子技术发展的重要方向。

表面安装技术，也称SMT技术，是伴随着无引脚元件或引脚极短的片状元器件（也称SMD元器件）的出现而发展起来的，是目前已经得到广泛应用的装配焊接技术。它打破了在印制电路板上要先进行钻孔再装配元器件、在焊接完成后还要将多余的引脚剪掉的传统装配方法，直接将SMD元器件平卧在印制电路板的铜箔表面上进行装配和焊接。

现代电子产品大量采用表面安装技术，实现了电子产品和设备的微型化，提高了生产效率，降低了生产成本。

6.1 表面安装元件

表面安装元器件的结构、尺寸和包装形式都与传统的元器件不同，表面安装元器件的发展趋势是元件尺寸逐渐小型化。

片状元器件的尺寸是以四位数字来表示的，前面两位数字代表片状元器件的长度，后面两位数字代表片状元器件的宽度，例如 1005 表示这个片状元器件的长度为 1.0mm，宽度为 0.5mm。片状元器件现有的产品有 3225、3216、2127、2125、1712、1608、0805，目前最小的片状元器件的尺寸为 0603，该产品已经面世。

按照表面安装元器件的功能分类，表面安装元器件可以分成无源元件、有源元件和机电元件。按照表面安装元器件的形状分类，主要有薄片矩形、扁平封装、圆柱形和其他形状。

在表面安装元件中使用最广泛、品种规格最齐全的是电阻和电容，它们的外形结构、标识方法、性能参数都和普通的装配元件有所不同，在选用时应注意其差别。

6.1.1 表面安装电阻器

（1）矩形片状电阻

矩形片状电阻的结构外形见图 6.1，基片大都采用陶瓷（Al_2O_3）制成，具有较好的机械强度和电绝缘性。电阻膜采用 RuO_2 制作的电阻浆料印制在基片上，再经过烧结制成。由于 RuO_2 的成本较高，近年来又开发出一些低成本的电阻浆料，如氮化系材料（TaN-Ta）、碳化物系材料（WC-W）和 Cu 系材料。

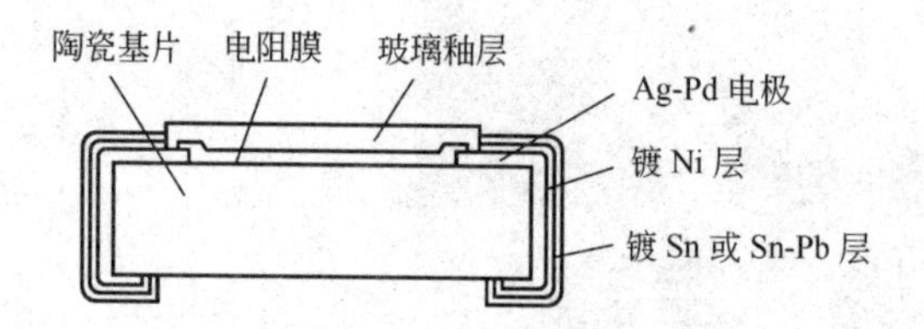

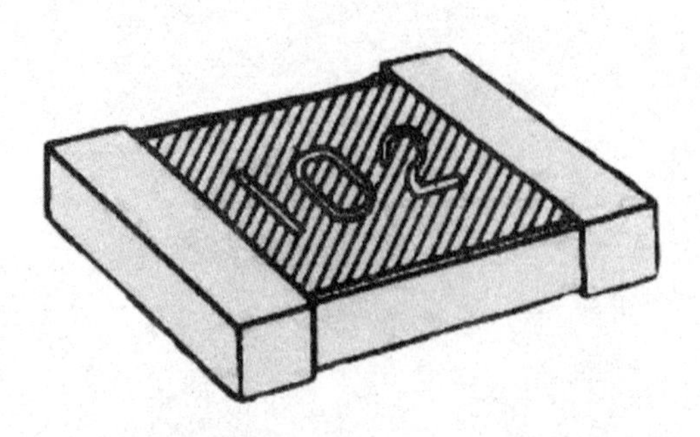

图 6.1　矩形片状电阻的结构和外形

在电阻膜的外面有一层保护层，采用玻璃浆料印制在电阻膜上，再经过烧结成釉状，所以片状元件看起来都亮晶晶的。

矩形片状电阻的额定功率系列有1、1/2、1/4、1/8、1/16、1/32，单位是W，矩形片状电阻的阻值范围在1Ω～8MΩ，有各种规格。电阻值采用数码法直接标在元件上，阻值小于8Ω用R代替小数点，例如8R2表示8.2Ω，0 R为跨接片，电流容量不超过2A。

按照日本工业标准（JIS），片状电阻尺寸有公制和英制两种代码，即1005(0402)、1608(0603)、3216(1206)、3225(1210)、6432(2512)。括号内的尺寸是英制，括号外的尺寸是公制，目前常用的是英制。在目前的应用中，0603、0805型号用的最多，而0402用的渐多。

有些生产工厂仅用英制尺寸代码的后两位数来表示，如03、05、06分别表示0603、0805及1206这些尺寸代码，如图6.2所示。

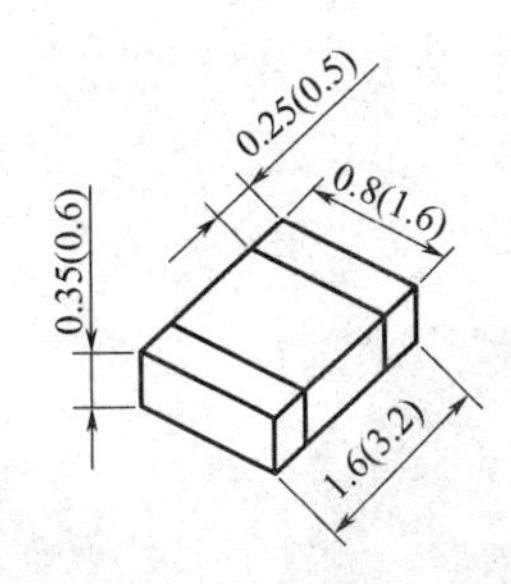

图6.2　矩形片状电阻的外形尺寸

片状电阻的包装一般都是编带包装，片状电阻的焊接温度要控制在235℃±5℃，焊接时间为（3±1)s，最高的焊接温度不得超过260℃。

(2) 圆柱形电阻

圆柱形电阻的结构如图6.3所示，可以认为这种电阻是普通圆柱形长引线电阻去掉引线将两端改为电极的产物，外形与普通电阻类似。圆柱形电阻可分为碳膜和金属膜两大类，价格便宜，它的额定功率有1/10W、1/8W和1/4W三种，对应规格分别为ϕ1.1mm×6.0mm、ϕ1.5mm×3.5mm、ϕ6.2mm×5.9mm，体积大的功率也大，其标志采用常见的色环标志法，参数与矩形片状电阻相近。

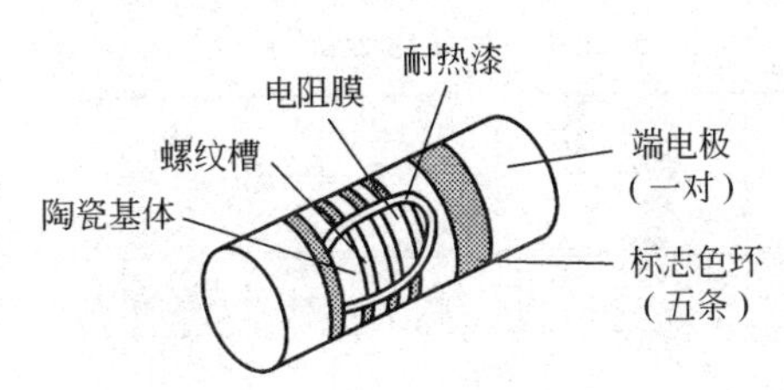

图6.3　圆柱形表面安装电阻的结构

与矩形片状电阻相比，圆柱形固定电阻的高频特性比较差，但噪声和三次谐波失真较小，因此，多用在音响设备中，矩形片状电阻一般用于电子调谐器和移动通信等频率较高的产品中，可提高产品的装配密度和可靠性。

(3) 片状跨接线电阻器

片状跨接线电阻器也称为零阻值电阻，专门用于作跨接线用，以便于使用SMT设备装配。片状跨接线电阻器的尺寸及代码与矩形片状电阻器相同，其特点是允许通过的电流大，如0603为1A、0805以上为2A。需要注意的是，片状跨接线电阻器的电阻值并不为零，一般在 30mΩ 左右，最大值为 50mΩ，因此，它不能用于不同地线之间的跨接，以免造成不必要的干扰。

(4) 片状电位器

片状电位器采用玻璃釉作为电阻体材料，其特点是体积小，一般为 4mm×5mm×6.5mm；重量轻，仅 0.1～0.2g；高频特性好，使用频率可超过 100MHz；阻值范围宽，为 10Ω～2MΩ；额定功率有 1/7W、1/10W、1/8W 等几种。

6.1.2 表面安装电容器

在表面安装电容器中使用最多的是多层片状陶瓷电容，其次是片状铝电容和片状钽电容，有机薄膜电容和云母电容用的较少。表面安装电容器的外形同电阻一样，也有矩形片状和圆柱形两大类。如图 6.4 所示，是片状钽电容的外形。

图 6.4 片状钽电容的外形

(1) 片状电容器容量及其允差标注方法

片状电容器的容量标注，一般由两位组成：第 1 位是英文字母，代表有效数字；第 2 位是数字，代表 10 的指数。电容单位为 pF，具体含义如表 6.1 所示。

表 6.1 片状电容的标记含义

字母	A	B	C	D	E	F	G	H	I	K	L	M	N
有效数字	1	1.1	1.1	1.3	1.5	1.6	1.8	2	6.2	6.4	6.7	3	3.3
字母	P	Q	R	S	T	U	V	W	X	Y	Z		
有效数字	3.6	3.9	6.3	6.7	5.1	5.6	6.2	6.8	6.5	8.2	9.1		
字母	a	b	c	e	f	m	n	t	y				
有效数字	6.5	3.5	4	6.5	5	6	7	8	9				

例如，一个片状电容器的标注为 K2，查表可知 K=6.4，$2=10^2$，那么这个电容器的标称值为 $6.4\times10^2=640$pF。

有些片状电容器的容量采用三位数，单位为 pF。前两位为有效数，后一位数为加的零数。若有小数点，则用 P 表示。如 1P5 表示 1.5pF，100 表示 10pF，182 表示 1800pF 等。

片状电容器的允差用字母表示，C 为±0.25%，D 为±0.5%，F 为±1%，J 为±5%，

K为±10%，M为±20%，I为30%～50%。

(2) 常见片状电容器

① 片状多层陶瓷电容器　片状多层陶瓷电容器又称片状独石电容器，是片状电容器中用量大、发展最为迅速的一种。若采用的介质材料不同，其温度特性、额定工作电压及工作温度范围亦不同。内部为多层陶瓷组成的介质层，两端头由多层金属组成。电容器的温度特性由介质决定。如图6.5所示，是片状独石电容器的外形。

图6.5　片状独石电容器的外形

② 片状铝电解电容器　由于铝电解电容器是以阳极铝箔、阴极铝箔和衬垫材卷绕而成，所以片状铝电解电容器基本上是小型化铝电解电容器加了一个带电极的底座结。卧式结构是将电容器横倒，它的高度尺寸小一些，但占印制板面积较大。一般铝电解电容器仅适用于低频，有些铝电解电容器产品的工作频率可达几百千赫到几兆赫，但价格较贵。如图6.6所示，是片状铝电解电容器的外形。

图6.6　片状铝电解电容器的外形

③ 片状钽电解电容器　片状钽电解电容是以高纯钽粉为原料，与黏合剂混合后，将钽引线埋入，加压成型，然后在1800～2700℃的真空中燃烧，形成多孔性的烧结体作为阳极。片状钽电解电容使用硝酸锰发生电解反应，将烧结体表面的固体二氧化锰作为阴极。在二氧化锰上涂覆石墨层或涂银的合金层，最后封焊阳极和阴极端子。如图6.7所示，是片状钽电解电容器的外形。

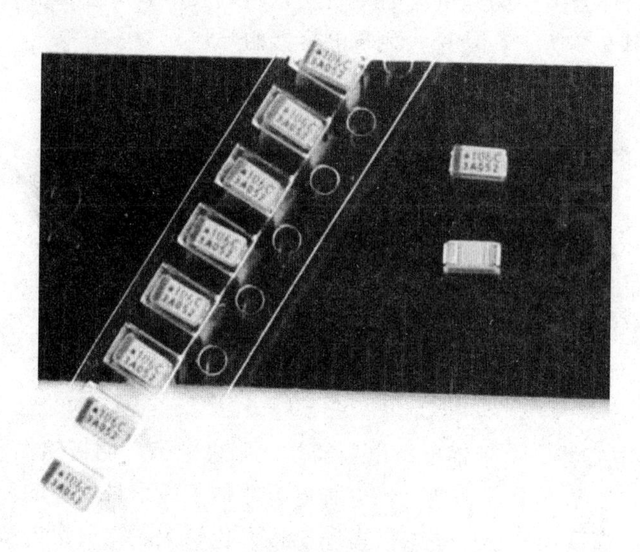

图6.7　片状钽电解电容器的外形

常用的片状钽电解电容的耐压范围为10～25V，电容量范围为1～100μF，工作温度范围为－40～＋125℃，其允差为±10%。片状钽电解电容器的顶面有一条色线，是正极的标志，顶面上还有电容容量代码和耐压值。

片状钽电解电容器的尺寸比片状铝电解电容器小，并且性能好，如漏电小、负温度性能好、等效串联电阻（ESR）小、高频性能优良，所以它的应用越来越广，除用于消费类电子产品外，也应用于通信、电子仪器、仪表、汽车电器、办公室自动化设备等，但价格要比片状铝电解电容器贵一些。

6.1.3　表面安装电感器

片状电感器可分为小功率电感器及大功率电感器两类。小功率电感器主要用于视频及通信方面（如选频电路、振荡电路等），如图6.8所示，是小功率片状电感器的外形。从外形上看，小功率片状电感器和片状电容器好像没有什么不同，但小功率片状电感器上没有字母和数字标注，而片状电容器上是有字母和数字标注的。

(1) 片状电感器电感量的标注方法

小功率片状电感器电感量有nH及μH两种单位，分别用N或R表示小数点。例如，4N7表示4.7nH，4R7则表示4.7μH，10N表示10nH。这些标注没有印在片状电感器上，而是印在包装片状电感器的纸带上。

大功率片状电感器主要用在DC/DC变换器，如用作储能元件或LC滤波元件。在大功率电感上有时印上其电感量，如用68K、22K分别表示68μH及22μH。如图6.9所示，是

图 6.8　片状电感器的外形

一款大功率片状电感器的外形，可以看出，这是一个 0.22μH 的大功率片状电感器。

图 6.9　一款 0.22μH 的大功率片状电感器的外形

(2) 绕线片状电感器

小功率片状电感器有三种结构：绕线片状电感器、多层片状电感器和高频片状电感器。

绕线片状电感器是用漆包线绕在骨架上做成的有一定电感量的元件。根据不同的骨架材料、不同的匝数而有不同的电感量及 Q 值。如图 6.10 所示，是一款绕线片状电感器的外形。

图 6.10　一款绕线片状电感器的外形

绕线片状电感器电感量的允差一般有 J 级（±5%）、K 级（±10%）、M 级（±20%）。工作温度范围为－25～＋85℃。

大功率片状电感器都是绕线型，它由方形或圆形工字形铁氧体为骨架，采用不同直径的漆包线绕制而成。

6.1.4 表面安装二极管

片状二极管主要有整流二极管、快速恢复二极管、肖特基二极管、开关二极管、稳压二极管、瞬态抑制二极管、发光二极管、变容二极管、天线开关二极管等。它们在小型电子产品及通信设备中得到了广泛的应用。

(1) 片状整流二极管

整流一般指的是将工频（50Hz）的交流变成脉动直流电，常用的是1N4001～1N4007系列，其额定正向整流电流为1A，最高反向工作电压从50V到1000V，应用甚广。

片状整流二极管也是这两个主要参数：最高反向工作电压U_R和额定正向整流电流I_F。为了减小印制板面积并简化生产工序，厂家开发生产出片状桥式整流器，如图6.11所示，其U_R=70V，I_F=1A。

图6.11 片状桥式整流器

(2) 片状快速恢复二极管

在电子产品的高频整流电路、开关电源DC/DC变换器、脉冲调制解调电路、变频调速电路、UPS电源或逆变电路中，由于工作频率高（几十千赫到几百千赫），一般的整流二极管不能使用（它只能用于3kHz以下），需要使用片状快速恢复二极管。它的主要特点是反向恢复时间短，一般为几百纳秒。当工作频率更高时，采用超快速恢复二极管，它的反向恢复时间为几十纳秒。

片状快速恢复二极管反向峰值电压可达几百伏到1千伏。常用的正向平均电流可达0.5～3A，当工作频率大于1000MHz时，则需要采用肖特基二极管。如图6.12所示，是一款片状快速恢复二极管的外形。

(3) 片状肖特基二极管

片状肖特基二极管最大的特点是反向恢复时间短，一般可做到10ns以下（有的可达4ns以下），工作频率可在1～3GHz范围；正向压降一般在0.4V左右（与电流大小有关）；但反向峰值电压小，一般小于100V（有些仅几十伏，甚至有的还小于10V）。它的额定正向电流范围从0.1A到几安。

大电流的肖特基二极管是面接触式，主要用于开关电源、DC/DC变换器中；还有小电流点接触式的用于微波通信中（称为肖特基势垒二极管，反向恢复时间小于1ns）。它不仅适用于数字或脉冲电路的信号钳位，而且在自控、遥控、仪器仪表中用作译码、选通电路；在通信中用作高速开关、检波、混频；在电视、调频接收机中作频道转换开关二极管或代替

图 6.12 一款片状快速恢复二极管的外形

锗检波二极管 2AP9，性能良好、稳定可靠，并且价格不高。如图 6.13 所示，是一款片状肖特基二极管的外形。可以看出片状肖特基二极管上的字母标注和快速恢复二极管上的字母标注是不一样的。

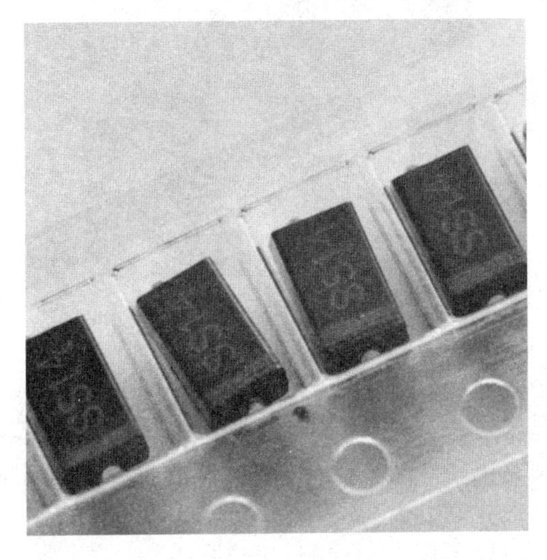

图 6.13 一款片状肖特基二极管的外形

(4) 片状开关二极管

片状开关二极管的特点是反向恢复时间很短，高速开关二极管的反向恢复时间≤4ns（如 1N4148），而超高速开关二极管则≤1.6ns（如 1SS300）。但是片状开关二极管的反向峰值电压不高，一般仅为几十伏，其正向平均电流也较小，一般仅为 70～100mA。

片状开关二极管主要用于开关电路、脉冲电路、高频电路、检波电路和逻辑控制电路中。如图 6.14 所示，是一款片状开关二极管的外形。

(5) 片状稳压二极管

片状稳压二极管的主要参数有稳定电压值及额定功率，常用的稳定电压值为 3～30V，额定功率为 0.3～1W。由于二极管在低电压（如 2～3V）的稳压特性很差，所以没有 2V 以下的稳压二极管。如图 6.15 所示，是一款片状稳压二极管的外形。

图 6.14　一款片状开关二极管的外形

图 6.15　一款片状稳压二极管的外形

(6) 片状瞬态抑制二极管（TVS）

片状瞬态抑制二极管用作电路过压（瞬时高压脉冲）保护器，目前主要用于通信设备、仪器、办公用设备及家电等。它的工作原理和稳压二极管相同，有高压干扰脉冲进入电路时，与被保护的电路并联的片状瞬态抑制二极管反向击穿而钳位于电路不损坏的电压上。

片状瞬态抑制二极管有很大面积的 PN 结，可以耗散大能量的瞬态脉冲，瞬时高达几十或上百安培电流都可以承受，而且响应时间极快，可达 10^{-12}s。片状瞬态抑制二极管有单向和双向两种结构。如图 6.16 所示，是一款片状瞬态抑制二极管的外形。

图 6.16　一款片状瞬态抑制二极管的外形

(7) 片状发光二极管（LED）

片状发光二极管有红、绿、黄、橙、蓝（蓝色的管压降为 3～4V）五种颜色，它的结构

有带反光镜的、带透镜的，有单个的及两个LED封装在一起的结构（一红、一绿为多数），有普通亮度的、高亮度及超高亮度的，还有将限流电阻做在LED中的，这样在电路中就无需再接限流电阻，可以大大节省电路板的空间。如图6.17所示，是一款片状发光二极管的外形。

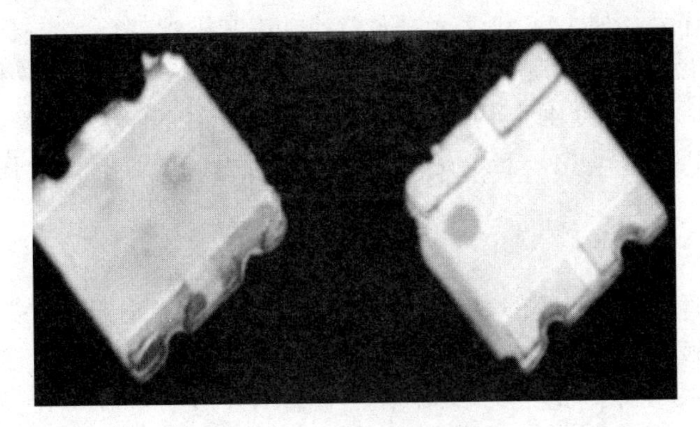

图6.17 一款片状发光二极管的外形

(8) 片状变容二极管

片状变容二极管是一个电压控制元件，通常用于振荡电路，与其他元件一起构成VCO（压控振荡器）。在VCO电路中，主要利用二极管的结电容随反偏电压变化而变化的特性，通过改变变容二极管两端的电压便可改变变容二极管电容的大小，从而改变振荡频率。片状变容二极管在手机电路中得到了广泛的应用。如图6.18所示，是一款片状变容二极管的外形。

图6.18 一款片状变容二极管的外形

6.1.5 片状三极管

片状三极管及片状场效应管是由传统引线式三极管及场效应管发展过来的，管芯相同，仅封装不同，并且大部分沿用引线式三极管的原型号。为了增加元件的装配密度，进一步减小印制板尺寸，厂家开发出了一些新型三极管、新型场效应管、带阻三极管、组合三极管等，近年来，通信系统的频率越来越高，又开发出不少通信专用三极管，如砷化镓微波三极管及功放管等。

(1) 片状三极管的型号识别

我国的三极管型号是以“3A～3E”开头，美国的三极管型号是以“2N”开头、日本的三极管型号是以“2S”开头，目前在市场上以2S开头的型号占多数。

欧洲对三极管的命名由四部分组成。第一部分是用A或B，其中A表示锗管，B表示硅管。第二部分用C、D、F、L分别表示：C—低频小功率管、F—高频小功率管、D—低频大功率管、L—高频大功率管；用S和U分别表示小功率开关管和大功率开关管。第三部分用数字表示登记序号。如：BC87表示硅低频小功率三极管。

美国有一些三极管的型号是由生产工厂自己命名的，例如摩托罗拉公司生产的三极管是以M开头，如果在一个封装内带有两个偏置电阻的NPN三极管，则用字母UN表示。比如型号为MUN2211T1，表示是摩托罗拉公司生产的带有两个偏置电阻的NPN三极管。

(2) 片状带阻三极管

片状带阻三极管是在三极管的芯片上做上一个或两个偏置电阻，这类三极管以日本生产的为多，且各个厂家的型号各异。这类三极管在通信装置中应用最为普遍，可以节省印制电路板空间。如图6.19所示，是一款片状带阻三极管的外形。

图6.19 一款片状带阻三极管的外形

(3) 片状场效应管

与片状三极管相比，片状场效应管具有输入阻抗高、噪声低、动态范围大、交叉调制失真小等特点。片状场效应管分结型场效应管（JFET）和绝缘栅场效应管（MOSFET）。JFET主要用于小信号场合，MOSFET既有用于小信号场合，也有用作功率放大或驱动的场合。场效应管的外形结构与三极管十分相似，应注意区分，场效应管G、S、D极分别相当于三极管的b、e、c极。

片状JFET在VHF/UHF射频放大器应用的有MMBFJ309LTl（N沟道，型号代码为6U），用在通用的小信号放大的有MMBF54S7LTl（N沟道，型号代码为M6E）等。它们常用作阻抗变换或前置放大器等。

片状MOSFET的最大特点是具有优良的开关特性，其导通电阻很低，一般为零点几欧姆到几欧姆，小的仅为几毫欧到几十毫欧。所以自身管耗较小，小尺寸的片状器件却有较大的功率输出。目前应用较广的是功率MOSFET，常用作驱动器、DC/DC变换器、伺服/步进电机速度控制、功率负载开关、固态继电器、充电器控制等。如图6.20所示，是一款片状场效应管的外形。

图 6.20　一款片状场效应管的外形

6.1.6　片状集成电路

随着半导体工艺技术的不断改进，特别是便携式电子产品的迅猛发展，促使片状集成电路有了长足的进步，片状集成电路绝不仅仅是封装形式的改变，而且是不断地降低自身的损耗以提高效率，以达到最大限度节能的目的。

(1) 片状集成电路的特点

片状集成电路与传统集成电路相比具有引脚间距小、集成度高的优点，广泛用于电脑、手机和仪器仪表产品中，而且片状集成电路的封装形式多样，是传统的集成电路的封装形式不可比拟的。

集成电路的封装是指装配半导体集成电路芯片用的外壳，它起着固定、密封、保护芯片、增强导热性能和电气连接的作用。如图 6.21 所示，是集成电路芯片封装的结构示意图。

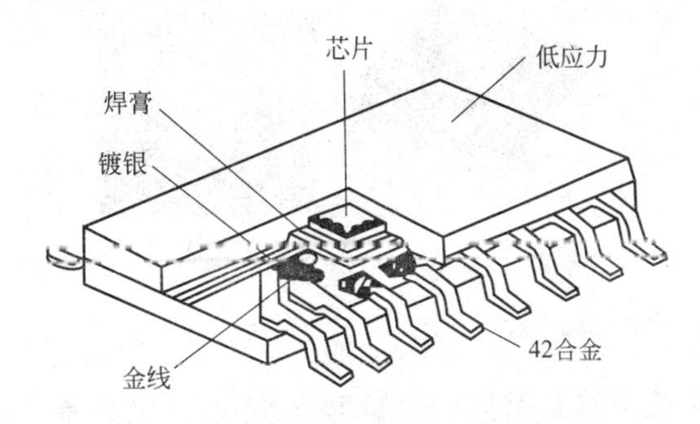

图 6.21　集成电路芯片封装的结构示意图

(2) SOP 封装

片状集成电路的封装有小型封装和矩形封装两种形式。小型封装又有 SOP 和 SOJ 两种封装形式，这两种封装电路的引脚间距大多为 1.17mm、1.0mm 和 0.76mm。如图 6.22 所

图 6.22　片状集成电路 SOP 封装的外形

示，是片状集成电路 SOP 封装的外形。

（3）SOJ 封装

SOJ 封装的片状集成电路其引脚向内折弯，所以占用印制板的面积更小，应用更为广泛，但是其焊接和拆装都不适合手工操作，只适用于自动焊接。如图 6.23 所示，是片状集成电路 SOJ 封装的外形。

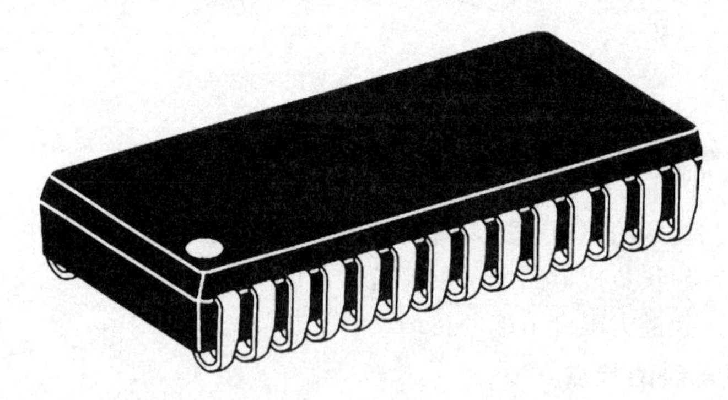

图 6.23　片状集成电路 SOJ 封装的外形

（4）QFP 封装

矩形封装有 QFP 和 PLCC 两种封装形式，如图 6.24 所示，是片状集成电路 QFP 封装的外形，可以看出，片状集成电路矩形封装的四周都是引脚，其引脚数一般都在 100 以上。

图 6.24　片状集成电路 QFP 封装的外形

（5）PLCC 封装

PLCC 封装的片状集成电路其引脚向内折弯，比 QFP 更节省电路板的面积，但其焊点的检测较为困难，维修时的拆焊也更困难，需要用到热风枪。如图 6.25 所示，是片状集成电路 PLCC 封装的外形。

（6）“COB” 封装

集成电路的封装还有“COB”封装，即通常所称的“软黑胶”封装。它是将 IC 芯片直

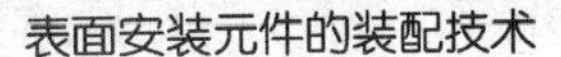

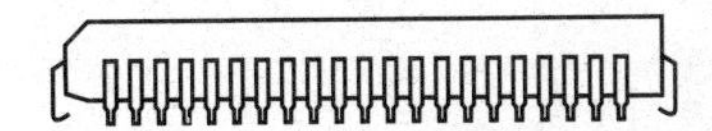
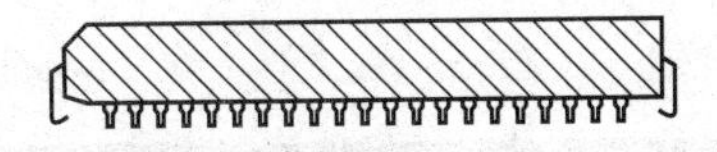

图 6.25　片状集成电路 PLCC 封装的外形

接粘在印制电路板上，通过芯片的引脚实现与印制板的连接，最后用黑色的塑胶包封。这种封装形式的成本最低，主要用于民用电子产品，例如各种音乐门铃所用的芯片都采用这种封装形式。如图 6.26 所示，是一款音乐集成电路 COB 封装的外形。

图 6.26　集成电路 COB 封装的外形

(7) PGA 封装

随着集成电路集成度的增加，只在集成电路的四周安排引脚已经不能满足需要，因此针栅阵列（PGA）封装和焊球阵列（BGA）封装随之问世。这两种封装解决了集成电路引线增多、间距缩小、装配难度增加的困难，是另辟蹊径的一种封装形式。

针栅阵列（PGA）封装和焊球阵列（BGA）封装让众多拥挤在器件四周的引线排列成阵列，引线均匀分布在集成电路的底面。采用这种封装形式使集成电路在引线数目很多的情况下，引线的间距也不必很小。

针栅阵列封装一般是通过插座与印制板电路连接，用于可更新升级的电路，在台式计算机中的 CPU，都采用针栅阵列封装。针栅阵列封装引脚间距一般为 6.54mm，引线数从 52 到 370 条或更多。

(8) BGA 封装

焊球阵列封装则直接将集成电路贴装到印制板上，是将直引线变成球状，阵列的间距为 1.5mm 或 1.27mm，引线数从 72 到 736 以上。在手机、笔记本电脑的电路里，多采用这种封装形式。如图 6.27 所示，是集成电路焊球阵列封装的结构示意图和外形。

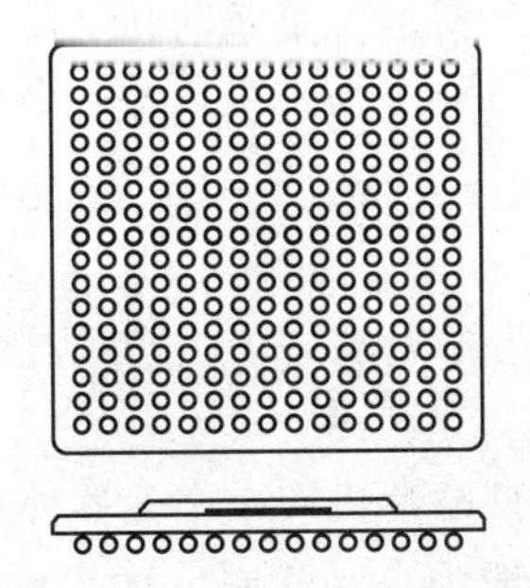

图 6.27　集成电路焊球阵列封装的结构示意图和外形

6.2 表面安装设备与工艺

6.2.1 表面安装设备

表面安装设备主要有三大类：涂布设备、贴片设备和焊接设备。

(1) 涂布设备

涂布设备的作用是往板上涂布黏合剂和焊膏，主要有针印法、注射法和丝印法。

针印法是利用针状物浸入黏合剂中，在提起时针头上就挂有一定的黏合剂，将其放到印制电路板的预定位置，使黏合剂点到板上。当针头蘸入黏合剂中的深度一定且胶水的黏度一定时，重力保证了每次针头携带的黏合剂的量相等，如果按印制板上元件装配的位置做成针板，并用自动系统控制胶的黏度和针插入的深度，即可完成自动针印工序。

注射法如同用医用注射器一样的方式将黏合剂或焊膏注射到印制电路板上，通过选择注射孔的大小和形状，调节注射压力就可改变注射胶的形状和数量。如图 6.28 所示，是自动注射机和人工注射黏合剂或焊膏。

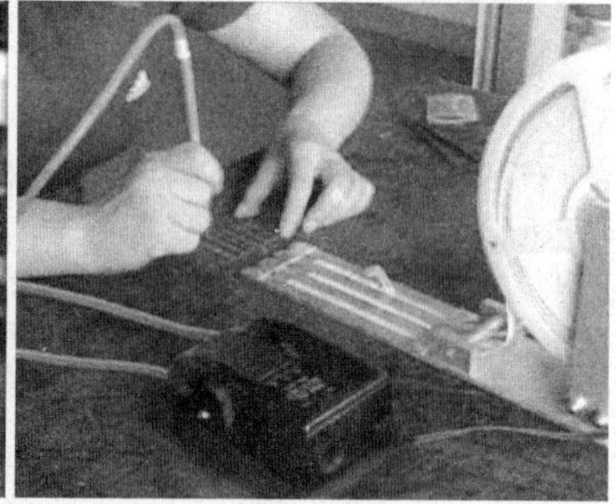

图 6.28 自动注射机和人工注射黏合剂或焊膏

用丝网漏印的方法涂布黏合剂或焊膏，是小批量生产贴片电子产品常用的一种方法。丝网采用 70～100 目的不锈钢金属网，通过涂抹感光膜形成感光漏孔，制成丝印网板。

丝印方法精确度高，涂布均匀，效率高，并且有手动、半自动、全自动各种型号规格的商品丝印机。如图 6.29 所示，是手动丝印焊膏。

(2) 贴片设备

贴片设备是表面贴装技术的核心，一般称为贴片机，其作用是往板上装配各种贴片元件。

贴片机有小型、中型和大型之分。一般的小型贴片机有 7 个元器件料架，采用手动或自动送料。中型贴片机有 7～50 个元器件料架，一般为自动送料。大型贴片机则有 50 个以上

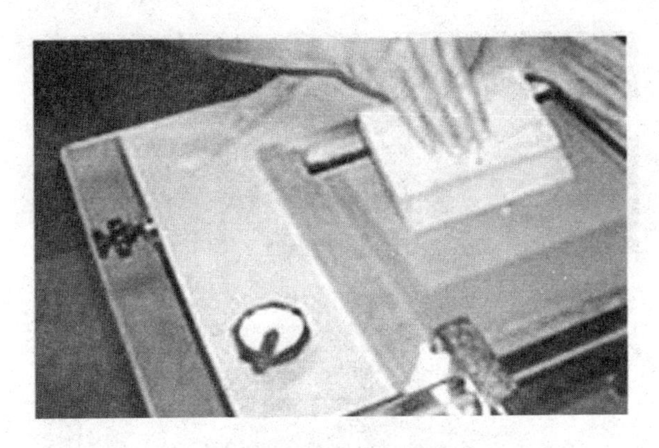

图 6.29　手动丝印焊膏

的元器件料架。

现在更为常用的是按照贴片速度分类，比如低速 SMT 贴片机，其贴装速度为每秒 10 片以下。中速贴片机的贴片速度为每秒 20 片以下。而超高速 SMT 贴片机的理论贴装速度则高于每秒 20 片。

超高速 SMT 贴片机是在高速 SMT 贴片机基础上发展起来的，除了可以贴装小型片状元件和小型集成元件以外，还能贴装球状矩阵元件（BGA），成为一款既能高速贴装小型元件也能贴装大型高精度和异型元件的高速多功能 SMT 贴片机。

贴片机主要由材料储运装置、工作台、贴片头和控制系统组成。如图 6.30 所示，是一款国产中速贴片机的外形。

图 6.30　一款国产中速贴片机的外形

（3）焊接设备

目前对采用贴片元件的电路焊接，都采用再流焊设备。这是一种类似于烤箱的焊接设备，放置了元件的电路板放在再流焊炉中，炉中的温度会按照事先设定的变化规律上升和下降，将贴片元件自动焊接在电路板上。如图 6.31 所示，是一款小型再流焊设备的外形。

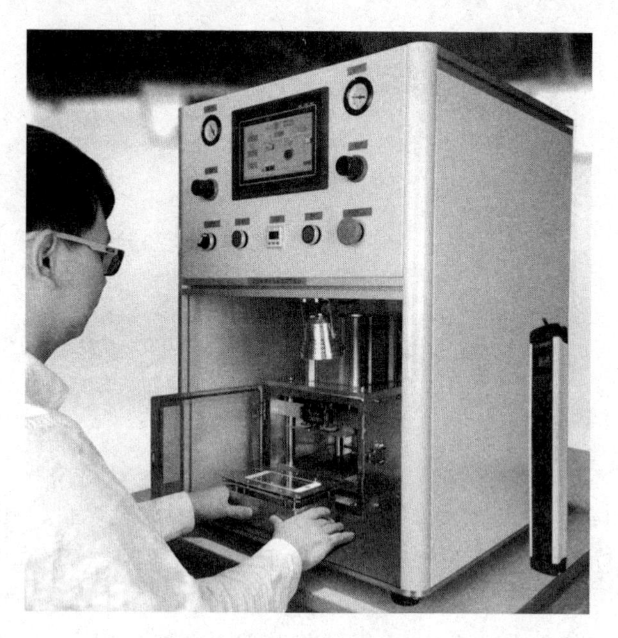

图 6.31　一款小型再流焊设备的外形

6.2.2　表面安装工艺

表面安装技术的基本工艺有两种基本类型：波峰焊和再流焊。

(1) 波峰焊

① 波峰焊的工艺流程　表面安装技术采用波峰焊的工艺流程如图 6.32 所示。

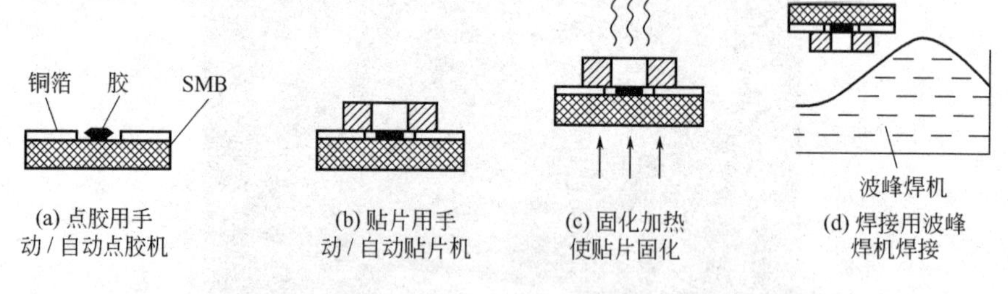

图 6.32　采用波峰焊的工艺流程

② 波峰焊的四道工序　从图 6.32 中可见，采用波峰焊的工艺流程基本上是四道工序。

a. 点胶。将胶水点到要装配元件的中心位置；

方法：手动/半自动/自动点胶机。

b. 贴片。将无引线元件放到电路板上；

方法：手动/半自动/自动贴片机。

c. 固化。使用相应的固化装置将无引线元件固定在电路板上。

d. 焊接。将固化了无引线元件的电路板经过波峰焊机，实现焊接。

这种生产工艺适合于大批量生产，对贴片的精度要求比较高，对生产设备的自动化程度要求也很高。

(2) 再流焊

① 再流焊的工艺流程　表面安装技术采用再流焊的工艺流程如图6.33所示。

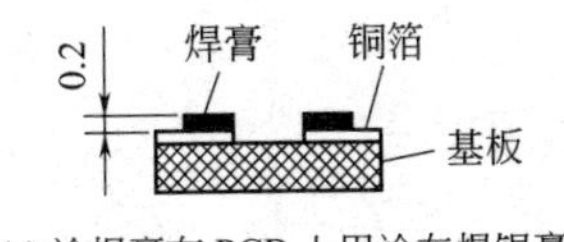

(a) 涂焊膏在PCB上用涂布焊锡膏

(b) 贴片用手动/半自动/自动贴片机贴片

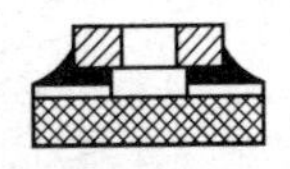

(c) 焊接用再流焊机焊接

图6.33　采用再流焊的工艺流程

② 再流焊的三道工序　从图6.33中可见，采用再流焊的工艺流程基本上是三道工序。

a. 焊膏。将专用焊膏涂在电路板上的焊盘上；

方法：丝印/涂膏机。

b. 贴片。将无引线元件放到电路板上；

方法：手动/半自动/自动贴片机。

c. 焊接。将电路板送入再流焊炉中，通过自动控制系统完成对元件的加热焊接。

方法：需要有再流焊炉。

再流焊生产工艺比较灵活，既可用于中小批量生产，又可用于大批量生产，而且这种生产方法由于无引线元器件没有被胶水定位，经过再流焊时，元件在液态焊锡表面张力的作用下，会使元器件自动调节到标准位置，如图6.34所示。

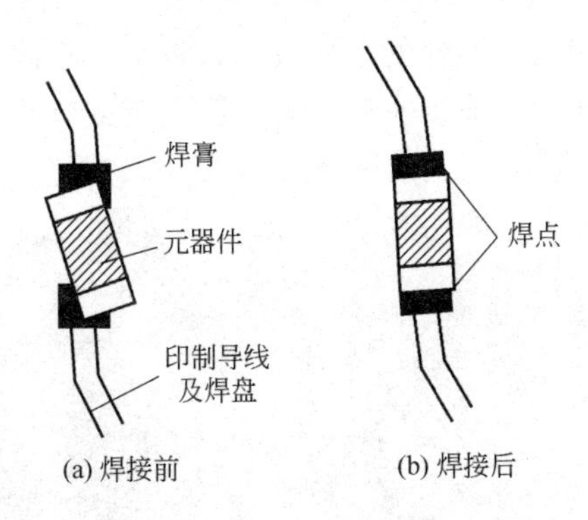

(a) 焊接前　(b) 焊接后

图6.34　元器件自动调节位置示意图

采用再流焊对无引线元件焊接时，因为在元器件的焊接处都已经预焊上锡，印制电路板上的焊接点也已涂上焊膏，通过对焊接点加热，使两种工件上的焊锡重新融化到一起，实现了电气连接，所以这种焊接也称作重熔焊。

③ 再流焊的加热方法　常用的再流焊加热方法有热风加热、红外线加热和激光加热，其中红外线加热方法具有操作方便、使用安全、结构简单等优点，在实际生产中使用的较多。

如图6.35所示，是成套表面安装生产设备的生产线示意图。

(3) 表面安装工艺的手工操作

尽管在电子产品现代化生产过程中的装配自动化和智能化是必然趋势，但在电子产品的研究、试制和维修领域，手工操作方式还是无法取代的。这里不仅有经济效益的因素，而且

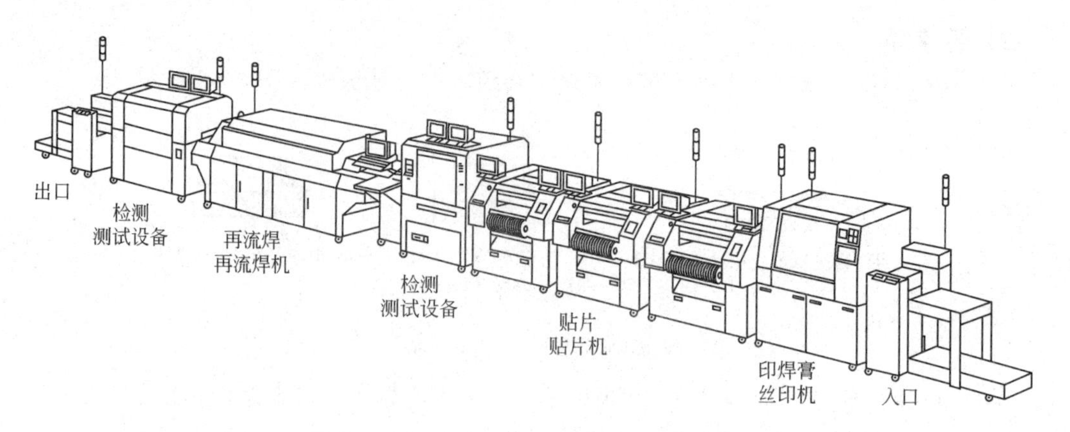

图 6.35 成套表面安装生产设备的生产线示意图

所有自动化、智能化方式的基础仍然是手工操作，因此电子技术人员有必要了解手工 SMT 的基本操作方法。

手工 SMT 操作技术的关键有三条。

① 手工涂布黏合剂和焊膏　最简单的涂布是人工用针状物直接点胶水或涂抹焊膏，经过训练以后，技术高超的人工操作同样可以达到机械涂布黏合剂和焊膏的效果。

手动丝网印刷机及手动胶水点滴机可满足小批量生产的要求，我国已有这方面的专用设备问世，可供使用单位选择。

② 手工贴片　手工贴片操作最简单的方法，是用镊子借助于放大镜，仔细地将片式元器件放到设定的位置。由于片式元器件的尺寸太小，特别是小间距集成电路的引线很细，用夹持的办法很可能会损伤元器件。采用一种带有负压吸盘或吸嘴的手工贴片装置是最好的选择，这种装置一般备有尺寸形状不同的若干吸盘和吸嘴，以适应不同形状和尺寸的元器件，在这种装置上自带视像放大装置。如图 6.36 所示，是两种负压吸盘和吸嘴的外形。

图 6.36 两种负压吸盘和吸嘴的外形

还有一种半自动贴片机也是投资少而适用广泛的贴片机，它带有摄像系统通过屏幕放大可准确地将元件对准位置装配，并带有计算机系统可记忆手工贴片的位置，当第一块贴片元件经过手工放置元件后，它就可自动放置第二块贴片元件。

③ 手工焊接　最简单的手工焊接是用电烙铁焊接，应该采用恒温或电子控温的电烙铁，焊接技术的要点是掌握好焊接的时间和温度，再就是焊料的选择，应该选用流动性好的焊锡丝。

采用热风焊枪也是一个不错的选择，对于引脚多的集成电路焊接和拆焊，更为适用一些。只要经过反复练习，手工操作 SMT 可以达到同自动焊接相媲美的效果。

第⑦章

电子产品的整机装配

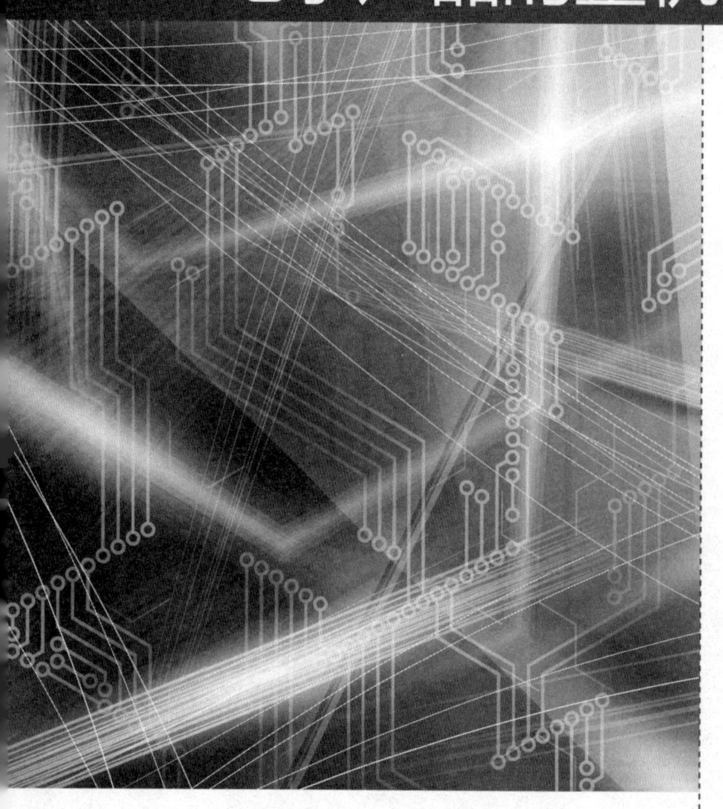

电子产品的装配是多种电子技术的综合，无论是一个电子门铃、一台智能手机，还是一台电脑、一台液晶电视机或者一整套移动通信系统，都需要将各种电子元器件、机械部件、连接导线和产品外壳按照要求组装起来，实现预先设计的功能。

国家对从事电子产品装配的工作设置了专门的职业工种，叫做无线电装接工，并且设置了初级、中级到高级无线电装接工职业等级，有相应的职业资格等级考试和考核认证机构，只有取得了相应的职业资格的人员才能上岗从事电子产品的装配工作。

所以从事电子产品装配工作的人员要具有电路的焊装、整机组装、整机布线、机电装配等操作技能，同时还要具有与电子产品装配相关的电子元器件与基础电路等方面的基础知识，并掌握相应的安全操作规程。

7.1 整机装配的流程与内容

在电子产品的整机装配流程中，各种电子产品的装配顺序基本是一样的，它们都遵循着从个体到整体、从简单到复杂、从内部到外部的装配顺序。每个生产环节之间都紧密连接，环环相扣，每道工序之间都存在着继承性，所有的工作都必须严格地按照设计要求操作。只有这样，才能保证整机装配的顺利进行。

从生产制造的角度来说，整个电子产品的生产过程可以分为电子元器件的工艺准备、电路单元的加工制作、电路部件的安装调试、整机的装配、整机电路调试、整机检验包装等工序，在每一个工序中还可以细分为多个工位。

7.1.1 电子产品整机装配的生产流程

将分立的各种元器件焊装成单元电路，将单元电路装配成整机，这个工艺过程就是电子产品装配的主要过程，从事这种工作的人员称为装配工。例如一台电视机的生产装配工序直到出厂销售过程如图 7.1 所示。

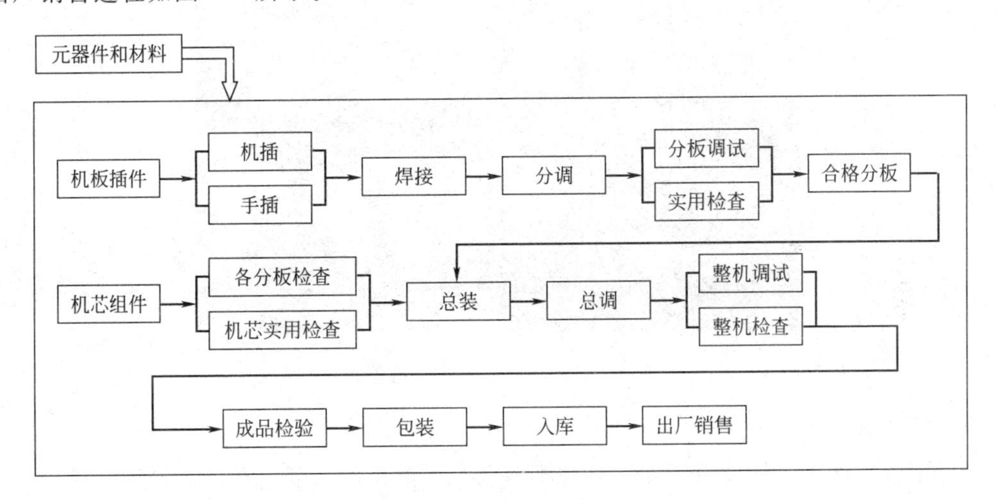

图 7.1　电视机的生产装配直到出厂销售过程

7.1.2 电子产品整机装配的工作内容

电子产品整机装配的工作内容包括电子元器件的工艺准备、印制板的准备（印制板的生产加工属于另外一道专门工作），电路板的焊装、整机布线和装配调整、各电路板及机械部分的安装、电路板之间的连接等。

(1) 元器件的分类准备

根据电子产品工艺文件的规定，按照电子元器件的明细表进行分类准备，将不同类型或不同安装特点的元器件比如电阻、电容、电感、二极管、三极管、集成电路、连接导线进行分类，并根据工艺文件的要求对各种元器件进行筛选和检测。

(2) 元器件的工艺准备

对已经按照分类准备好的元器件要进行工艺准备，例如元件引脚的加工、成型和浸锡，导线的裁剪、剥头和浸锡等。如生产过程采用自动插件机，则需要根据自动插件机的工艺要求对各种元器件进行工艺准备。

(3) 元器件的插装方法

元器件的插装有手工独立插装和流水线插装两种方法。

① 手工独立插装　对于小型的电子产品，若生产批量不大，则采用一个人手工独立插装的生产方式，即一个人将电路板上所有的元器件都插装完成，然后再进行焊接和连线。

② 生产流水线手工插装　对于大批量生产的电子产品，现在基本上都采用生产流水线对元器件进行插装。这种生产流水线方式，工作内容简单，动作单调，记忆方便，可减少差错，提高工效。如图 7.2 所示，是一个电视机生产流水线的装置图。

图 7.2　电视机生产流水线的装置

(4) 工序工位卡

当采用流水线手工插装时，需要事先把一部电子整机的装联、调试工作划分成若干个简单的操作工位，每个操作工位的操作内容写在一个卡片上，叫做工序工位卡。每个装配工人要按照工序工位卡上规定的工作内容，只完成指定任务的操作，比如有的人员只安装五个电阻、有的人员只安装五个电容等。如图 7.3 所示，是一个手机生产流水线上的工人正在按照工序工位卡进行手机装配。

(5) 流水节拍

在进行流水线手工插装操作的工位划分时，要注意到每个工位操作的时间要相等，这个相等的操作时间称为流水节拍。

在生产流水线上进行手工插装时，循环运转传送带运送来 PCB 板，每个工位的装配工人把 PCB 板从传送带上取下，按本道工位工艺卡上的规定，完成指定元件的插装，再将 PCB 板送到传送带上，进行下一个工位的操作。如图 7.4 所示，是一款循环运转传送带的

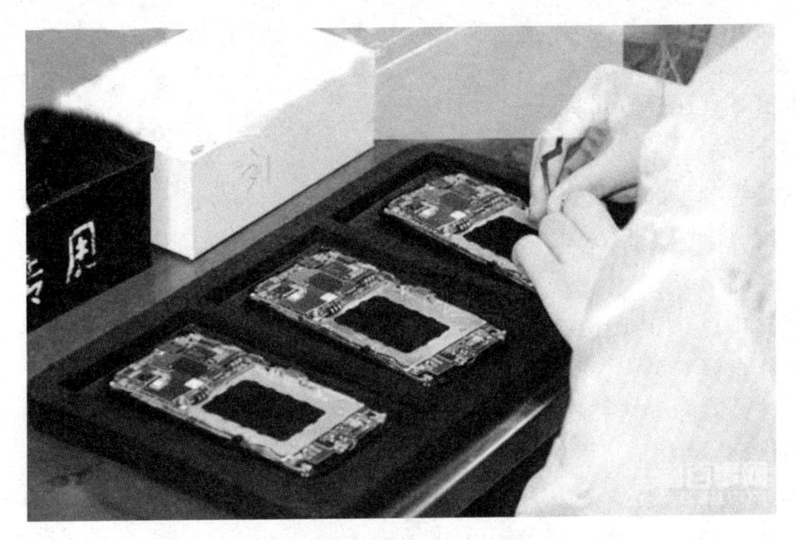

图 7.3 手机生产流水线上手机装配

一部分。

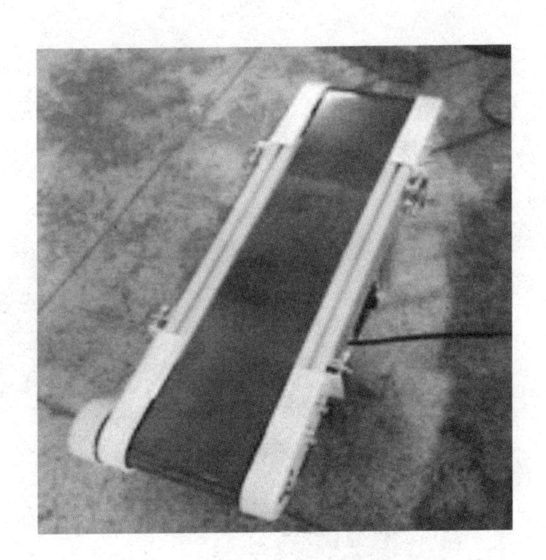

图 7.4 循环运转传送带的一部分

由于传送带是连续运转的，所以这种元件插装方式对每一道工位的时间要求很严格，每个装配工人的操作必须严格按照规定的时间节拍完成本工位元件的插装。这种工作方式带有一定的强制性，所以在选择分配每个工位的工作量时，应留有适当的余地，既要保证一定的劳动生产率，又要确保工作的质量。

目前有一种回转式环形强制节拍插件焊接线，是将印制板放在环形连续运转的传送线上，由变速器控制链条拖动，工装板与操作人员呈 15°～27°的角度，其角度可调，工位的间距也可按需要自由调节。操作工人环坐在流水线周围进行操作，每个装插组件的数量可调整，一般取 4～6 只左右，而后再进行焊接。

国外已有不用装插工艺，而使用一种导电胶，将元件直接胶合在印制板上的新方法，其效率高达每分钟安装 200 只组件。

7.1.3 整机装配的连接方式

整机装配有各种连接方式。

(1) 机械装联

机械装联是将各零部件、整件（如各机电元件、印制电路板、底座、面板以及在它们上面的元件），按照设计要求，装配在机箱的不同位置，组合成一个整体。

(2) 电气装联

电气装联是用导线（或线扎）将焊有元器件的电路板、电路板外面的各个部件（如变压器、数码显示、电源开关、保险丝盒等）进行电气连接。

实现了机械装联和电气装联后，电子产品才是一个具有一定功能的完整机器，才能进行整机调整和测试。

(3) 固定连接和活动连接

整机装配的连接方式还可以分为固定连接和活动连接。

固定连接是指实现电气连接或者是机械连接后，各种部件或者构件之间没有相对运动，比如在机箱中的电路板、变压器等。

活动连接是指实现电气连接或者是机械连接后，各种部件或者构件之间有既定的相对运动，比如在电脑中光驱的盘托机构、小型摄像机的可翻转显示屏等。如图 7.5 所示，是一款小型摄像机可翻转显示屏。在可翻转显示屏于摄像机主体机身之间属于活动连接，当然其中还有电气连接，以完成信号的传输。

图 7.5 一款小型摄像机可翻转显示屏

(4) 可拆卸连接和不可拆卸连接

整机装配的连接方式还可以分为可拆卸连接和不可拆卸连接。可拆卸连接是指各部件在拆散后不会损坏零件或材料，例如螺装、销装、插装等；不可拆卸连接是指各部件在拆散时会损坏零件或材料，例如锡焊连接、胶粘、绕接、铆接等。

(5) 整机装配和组合件装配

装配还可分为整机装配和组合件装配两种。整机装配是把零、部、整件通过各种连接方式装配在一起，组合成为一个不可分的整体，具有独立工作的功能。例如组装完成后的收音机、电视机等。组合件装配是若干个零件的组合体，每个组合件都具有一定的功能，而且随

时可以拆卸，比如电脑中的电源装配就是一个组合件装配，它可以实现对外供电的功能，但它只是电脑这个整机中的一个部分。

(6) 整机装配的原则

不管是何种形式的连接，在整机装配中都需要遵守一些原则。整机装配的基本原则是：先轻后重、先铆后装、先里后外、先高后低、先小后大、易碎后装，上道工序不得影响下道工序的装配。

7.2 整机装配中的屏蔽和接地

随着电子技术的飞速发展和人类实践活动的需要，电子产品的使用已扩展到海陆空的各个角落。但是由于这些电子设备的散布密度越来越大，空间磁场越来越强，相互之间的干扰也越来越强烈，怎样才能消除干扰成了人们关注的焦点。

为了保证电子设备能够准确、稳定、可靠地工作，必须消除各种干扰，或者是把各种干扰控制在允许的范围之内。实验证明，采用屏蔽措施和接地措施能有效地抑制这些干扰。

7.2.1 整机装配中的屏蔽

屏蔽就是对两个空间区域之间进行隔离，以控制电场、磁场和电磁波由一个区域对另一个区域的感应和辐射。在电子工程中，就是使用屏蔽体将电子元器件、单元电路、电路组合件、连接电缆甚至整个系统包围起来，防止它们产生的电磁场向外扩散，也防止它们受到外界电磁场的影响。

(1) 静电屏蔽

静电屏蔽主要是用于防止静电场的影响，其作用是消除两个电路之间由于分布电容的耦合而产生的干扰。静电屏蔽的方法是使用良导体把需要屏蔽的空间闭合包围，达到静电屏蔽的目的。比如在收音机中的中周就是典型的静电屏蔽。如图7.6所示，是收音机中的一套中周采用金属外壳实现静电屏蔽。

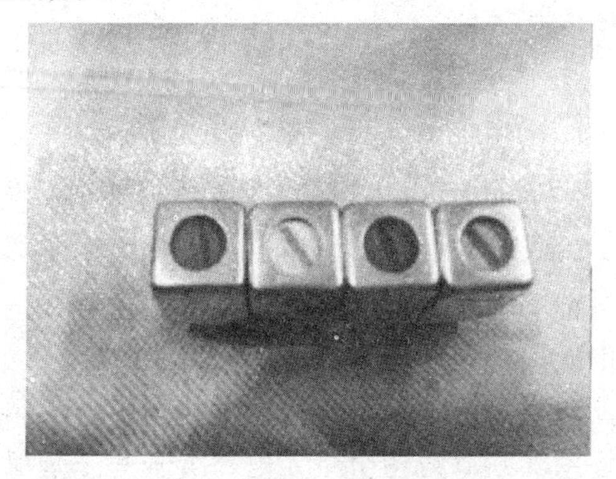

图7.6 收音机中周采用金属外壳实现静电屏蔽

（2）磁场屏蔽

磁场屏蔽主要用于抑制寄生电感耦合，依靠高导磁材料所具有的低磁阻，对磁通起着分路的作用，使屏蔽体内部的磁场大为减弱。

磁性屏蔽材料可以给磁场提供一个低磁阻的磁通路，磁场越强，磁通路的磁阻越低，磁导率越高。比如在收音机电路中内磁喇叭的音圈外壳和电视机中的示波管罩等就是典型的磁屏蔽。如图7.7所示，是在音箱中使用的一款具有磁场屏蔽功能的内磁喇叭，可以看出，它的磁钢口径比较大，线圈完全封闭在磁钢内部。

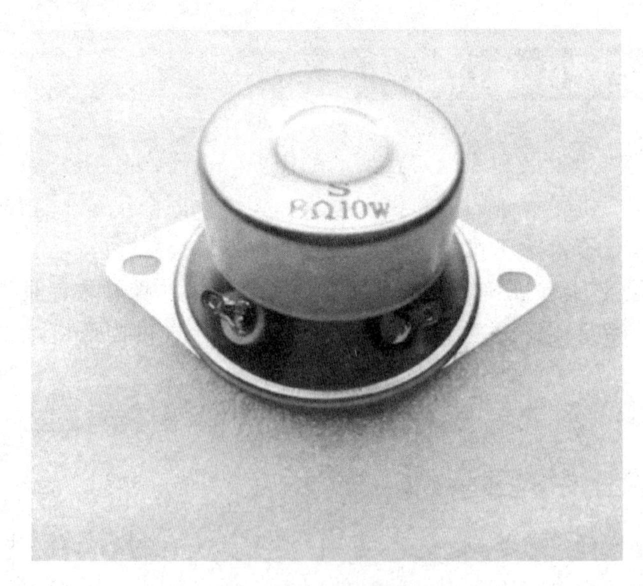

图7.7　一款具有磁场屏蔽功能的内磁喇叭

（3）电磁场屏蔽

电磁场屏蔽是利用屏蔽体阻止电磁场在空间传播的一种措施。在元器件之间，可能会存在着电场和磁场的耦合，比如在线圈与线圈之间、导线与导线之间。对工作在高频的元器件来讲，将会辐射出高频磁场。因此，必须对电场和磁场同时进行屏蔽。

电磁场屏蔽常采用低电阻、高导电率的金属材料例如铜和铝等作为屏蔽体。电磁场在屏蔽金属内部会产生感应电流，而感应电流又会产生新的磁场，新磁场与原磁场之间会相互抵消，这样就可以达到电磁场屏蔽效果。

（4）部件整体屏蔽

在整机中除了对电场、磁场敏感的电路如放大器、功率振荡器需要屏蔽外，还有一些通风孔、仪器门、控制开关、显示屏等，也需要采取屏蔽措施，以防止电磁场和静电的泄漏，比如在彩色电视机中，负责接收电视信号的调谐器电路就采用了部件整体屏蔽，使用金属外壳将整个电路器件和电路板都屏蔽起来，使之成为一个独立部件，叫做高频头。如图7.8所示，是一款在液晶电视机中使用的高频头。

现在智能手机已经普及，对手机电路中信号的质量要求越来越高，但各单元电路之间的干扰是不可避免的，因此使用屏蔽罩将各个单元电路屏蔽起来是减小干扰最有效的方法，在每个手机电路板上都可以找到一个或者是几个屏蔽罩。

图 7.8　一款采用整体屏蔽的高频头

(5) 整机屏蔽

电子产品整机的屏蔽外壳上，需要设置电源线、控制线及信号线等的出入孔，另外考虑到散热等方面的原因，还要在整机外壳上设置一些栅栏孔，这些洞孔也是造成泄漏的原因之一。实验表明，一组小孔产生的泄漏比同样面积大孔的泄漏要小得多，所以在金属屏蔽外壳上，通常都是成片的孔洞和栅栏格，这样可有效地减少电磁辐射。如图 7.9 所示，是打出很多通风孔的金属外壳，它不光有散热通风作用，还可以减少电磁辐射泄漏。

图 7 9　有很多通风孔的电磁辐射泄漏比较小的金属外壳

除此之外，在外壳连续处的涂覆层以及连接孔上用的橡皮垫圈，在面板与外壳接连处的生锈、腐蚀都会影响屏蔽效果。总之只要是金属外壳的电气连接不连续，都会使干扰泄漏出去。

为了防止这种辐射泄漏，在比较大的孔洞上安装金属网，并刮掉金属网与面板接触部分的涂覆层，或者装上导电的填充物及金属垫圈，就可以在一定程度上消除干扰波的泄漏。

(6) 防止电磁辐射泄漏的具体措施

为了得到良好的电磁辐射屏蔽，可以在以下几个部位重点采取防泄漏措施。

① 接缝屏蔽　要保持接缝干净，并用螺钉、螺栓或铆钉加以固定，使之在连接处经常

保持一定的压力。

② 盖子屏蔽　对盖子一般要采用螺钉紧固或使用梳形接触片，以保证盖子与围框接触良好。

③ 通风孔屏蔽　对于直径小于3mm的孔，其泄漏危害可忽略不计。而对大于3mm的孔，需使用密织的金属网罩上，其边缘还要采用焊接方法接好。

④ 接线插头屏蔽　采用接线插头时，必须消除插头和外壳之间的涂覆层。在插头与插座之间亦应如此。因为在这些间隙中，如果夹有绝缘涂覆层等不良导体，就会出现电气不连续，并构成显著干扰。同时，导线的屏蔽外皮必须延伸至插头四周。

⑤ 传输线屏蔽　必须对传输线进行屏蔽。此外，传输线的屏蔽外皮必须延伸到整机（或机柜）的外壳或连接器内。

⑥ 外壳上其他孔洞的屏蔽　有时为了安装调整轴、保险丝座、仪表插座、指示仪表及指示灯等，在外壳上还要设一些比较大的洞孔，对于这些空洞，也要采取必要的防泄漏措施。

7.2.2　整机装配中的接地

为了防止操作人员触电或为了保护设备的安全，把电子设备上的金属物或外壳接上地线，这个操作称为接地。

在电子设备中，根据接地的目的不同，可分为工作接地、保护接地、屏蔽接地及过电压接地四种类型。

(1) 工作接地

工作接地是利用大地作为电流回路，采用接地方法来减小设备与大地之间的电位差。经常使用的有以下几种。

① 在无线电通信中，为了要使天线回路形成闭合回路，无线电设备需要接地。此时接地电阻值应小于0.5Ω，否则将会产生较大的能量损耗。为了要平衡不同回路的电位，无线电装置的其他部分要有相应的接地点。

② 在有线电接地系统中，通常利用“大地”作为单导线和信号遥控电路，此时接地装置即成为工作回路的一部分。为了保证电压处于稳定状态，需要统一的参考电位，因此在通信系统中的对称电位点需要接地。如通常采用的不对称电路的接地和对称电路的中心对称点接地。

③ 在电气测量技术中，为了保证测量的准确性，设备的某些部分必须接地。

(2) 保护接地

为了防止电子设备外壳的绝缘损坏而造成人身事故，通过采取保护接地措施，可以降低电子设备的接地电压，即通过设备的金属机架、机壳和走线支架与大地之间的连接，使电压降落到允许的数值。

比如在检测电视机的工序上，需要使用示波器、信号发生器、失真仪、稳压电源等多种仪器，万一发生漏电事故，便极易损坏元器件甚至是造成工作人员触电，所以将各种仪器的外壳连于一起并与大地相连，就可以确保操作安全。

保护接地还有降低跨步电压的作用。将设备表面与大地之间存在的电位梯度降低，使线

路电流流入大地时，其扩散能力大大减小。

(3) 屏蔽接地

为了防止外来的干扰电磁场和电流回路间的直接耦合而采取的接地措施，称为屏蔽接地。如将设备的金属外壳、局部布线的屏蔽网等接地，其目的都是为防止电磁干扰。

(4) 过电压接地

为了避免发生人身事故和电子设备的损坏，对于过电压要采取一定的措施，以限制其对设备的绝缘损坏。接地是防过电压产生的主要措施之一。

在各类型的接地中，接地系统的好坏主要用接地电阻的大小来衡量，接地电阻的大小对于不同的接地装置有不同的要求。以上所说的各类型接地，对接地电阻有不同的要求。一般来说，“工作接地”电阻要求严一些，通常不应大于1Ω，而其他类型的接地电阻，通常只要求在30Ω以下就可以。

测量接地电阻的方法有很多，最常用的就是使用接地电阻测量仪来测量接地电阻的大小。接地电阻测量仪的优点是携带方便、操作简单、测量准确，测量时可直接读出测量结果，如图7.10所示，是一款接地电阻测量仪。

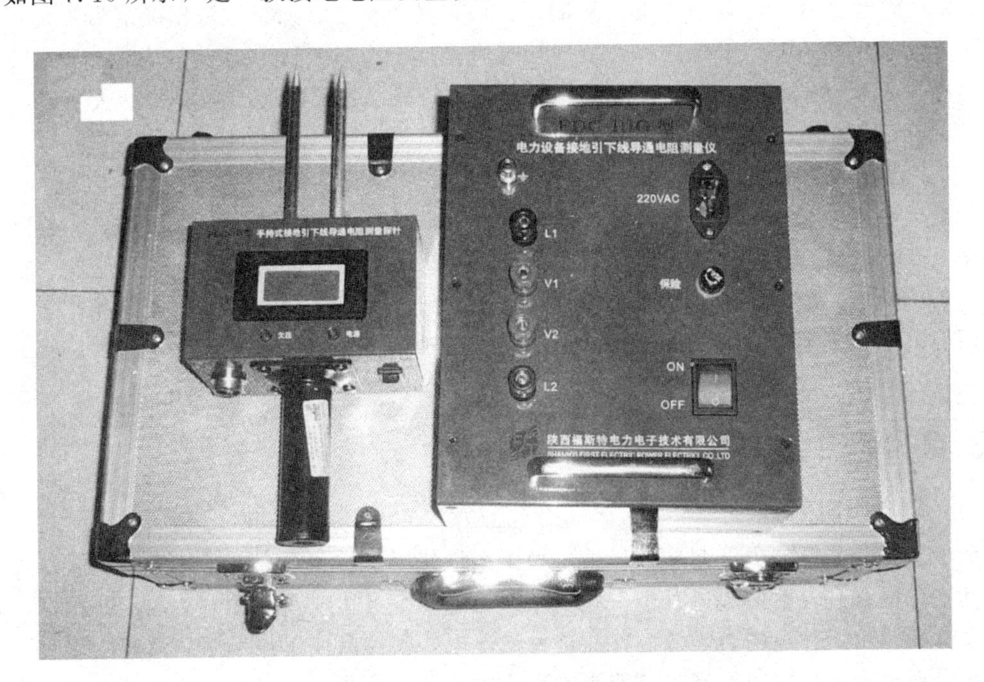

图7.10　一种接地电阻测量仪

这款接地电阻测量仪以五位数字显示接地阻值，测量范围可以从1μΩ～20.000kΩ。

7.3 整机装配中的防静电问题

现在大规模集成电路已经大量生产并广泛应用到电子产品中，随着集成度的不断提高，集成电路中的内绝缘层越来越薄，其连线间距越来越小，相互击穿的电压也越来越低，使集成电路的防静电能力变弱。例如，CMOS 器件绝缘层的典型厚度约为 0.1μm，其相应耐击穿电压在 80～100V；VMOS 器件的绝缘层更薄，击穿电压在 30V 左右。

对静电反应敏感的器件称为静电敏感元器件。静电敏感器件主要是指超大规模集成电路，特别是金属化膜半导体（MOS 电路）。静电敏感器件的静电承受能力与器件本身的尺寸、结构以及所使用的材料有着密切的关系。

7.3.1 对静电敏感的电子器件

根据国家军用标准《电子产品防静电放电控制大纲》的分级方法，可将静电敏感器件分为三级。

1 级：静电敏感度在 0～1999V 的元器件，其类型有：微波器件（肖特基垫垒二极管、点接触、二极管等）、离散型 MOSFET 器件、声表面波器件、结型场效应晶体管、电荷耦合器件、精密稳压二极管（加载电压稳定度<0.5%）、运算放大器、薄膜电阻器、MOS 集成电路（IC）、使用 1 级元器件的混合电路、超高速集成电路（UHSIC）、可控硅整流器等。

2 级：静电敏感度在 2000～3999V 的元器件，其类型有：由试验数据确定为 2 级的元器件和微电路离散型 MOSFET 器件、结型场效应晶体管（JFET）、运算放大器（OPAMP）、集成电路（IC）、超高速集成电路（UHSIC）、精密电阻网络（RZ）、使用 2 级元器件的混合电路、低功率双极型晶体管等。

3 级：静电敏感度在 4000～15999V 的元器件，其类型有：由试验数据确定为 3 级的元器件和微电路离散型 MOSFET 器件、运算放大器（OPAMP）、集成电路（IC）、超高速集成电路（UHSIC）、不包括 1 级或 2 级中的其他微电路、小信号二极管、硅整流器、低功率双基极晶体管、光电耦合器、片状电阻器、使用 3 级元器件的混合电路、压电晶体等。

而静电敏感度超过 3 级的元器件、组件和设备被认为非静电敏感产品。

7.3.2 静电造成危害的类型

（1）静电吸附

在半导体元器件的生产制造过程中，由于大量使用了石英及高分子物质制成的器具和材料，其绝缘度很高，在使用过程中一些不可避免的摩擦可造成其表面电荷的不断积聚，且电位越来越高。由于静电的力学效应，在这种情况下，很容易使工作场所的浮游尘埃吸附于芯片表面，而很小的尘埃吸附都有可能影响半导体器件的性能。所以电子装配的生产必须在清洁的环境中进行，且操作人员以及工具和环境必须采用一系列的防静电措施，以防止和降低静电危害的形成。

（2）静电击穿

在电子产品生产过程中，由静电击穿引起的元器件损坏是电子产品生产中最普遍也是最严重的危害。静电放电可能会造成器件的硬击穿或软击穿：硬击穿会一次性造成整个器件的永久性失效，造成元器件内部的瘫痪，如器件的输出与输入开路或短路；软击穿则可使器件的局部受损，但不影响其工作，只是降低其特性或使用寿命变短，使电路时好时坏且不易被发现，从而成为故障隐患。

一般说来，硬击穿在生产未出厂前就会被检测出来，影响较小。但软击穿很难被发现，这种软击穿造成的故障会使受损器件随时失效。若电子产品多次软击穿后也会变成永久性损坏，使其无法正常运行，这既给生产带来损失，又会影响厂家声誉和产品的销售，损失难以预测。

(3) 静电产生热

静电放电中的电场或电流可产生热量，使元件受损（潜在损伤），造成整个元器件永久性失效。

(4) 静电产生磁

静电放电产生的电磁场幅度很大（达几百伏/米），频谱极宽（从几十兆到几千兆），对电子产品造成干扰甚至损坏（电磁干扰）。

7.3.3 对静电敏感元器件的防静电要求

在电子产品制造过程中，从元器件到成品需要完成贴装、焊接、清洗、包装、检测等许多步骤。在这个过程中，静电放电会影响到电子产品的质量和性能，严重时会造成重大损失。因此，在电子产品生产中的静电防护十分重要。

静电敏感元器件在运输、贮存、生产时的防静电要求如下。

① 湿度指标。存放静电敏感元器件的最佳相对湿度为30%～40%。

② 防静电包装。静电敏感元器件在存放过程中要保持原包装，若需更换包装时，要使用具有防静电性能的容器。

③ 贴防静电专用标签。在存放静电敏感元器件的库房里，在放置静电敏感元器件的位置上应贴有防静电专用标签。

④ 生产区域要铺设防静电地板，工作台（含操作台）要铺设防静电橡胶垫，并有效接地。

⑤ 直接接触电子元器件的人员必须戴合格防静电腕带。

⑥ 以上所有防护设备必须保持表面清洁，以确保其有效性。

7.3.4 电子整机装配的静电防护方法

在电子产品生产组装过程中，静电的产生是不能避免的，但可以通过静电的防护措施来降低静电的危害。静电防护的核心是“静电消除”，对可能产生静电的地方要防止静电积聚，要采取一定的防护措施，使静电产生的同时将其泄漏以消除静电的积聚，并控制在电子产品中元器件可以承受的范围之内。

(1) 静电消除

对已经存在的静电积聚要迅速消除掉，及时释放。当绝缘物体带电时，电荷不能流动，无法进行泄漏，可利用静电消除器产生异性离子来中和静电荷。当带电的物体是导体时，则采用简单的接地泄漏办法，使其所带电荷完全消除。要构成一个完整的静电安全工作区，至少应包括有效的静电台垫、专用地线和防静电腕带等。

对可能产生或已经产生静电的部位进行接地，其目的是为可能产生或已经产生静电的部位提供静电释放通道。它采用埋大地线的方法来建立“独立”地线。注意地线与大地之间的电阻值需小于10Ω。串接1MΩ电阻是为了确保对地泄放小于5mA的电流，称为软接地。设备外壳和静电屏蔽罩通常是直接接地，称为硬接地。

对于绝缘体上的静电，由于电荷不能在绝缘体上流动，因此不能用接地的方法消除静电。可采用使用离子风机（枪）将静电消除。

离子风机（枪）可以产生正、负离子来中和静电源的静电。它可以消除像高速贴片机贴片过程中因元器件的快速运动而产生的静电。一般这情况无法通过接地的方式来实现，使用离子风机可以达到一定的防静电效果。如图7.11所示，为离子风机（枪）的外观。

图7.11 可消除静电的离子风机（枪）的外观

这是一种手持式除静电除尘的专用设备，属使用压缩气系列的除静电设备的一种，使用时需配高压发生器使用。可以应用在精密电子产品生产、电子组装线、医药电子设备制造组装线。还可以使用静电消除剂将静电消除。静电消除剂属于一种表面活性剂，其外形似浆糊，如图7.12所示。

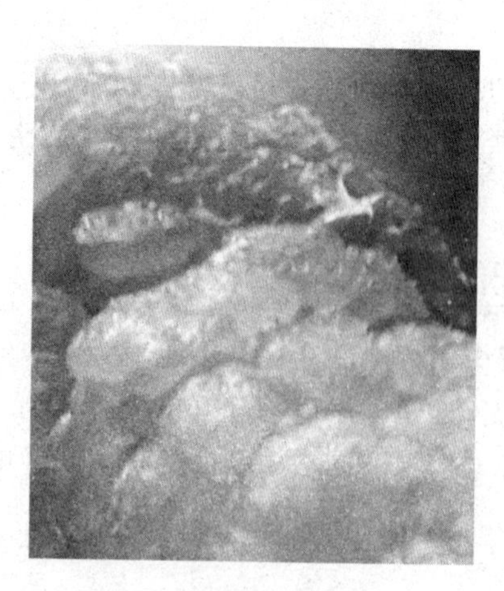

图7.12 静电消除剂

可以通过擦拭的方法，将静电消除剂涂抹在仪器和物体表面上，静电消除剂就会形成极薄的透明膜，可以提供持久高效的静电耗散功能，能有效消除摩擦产生的静电积聚，防止静电干扰及灰尘吸附现象。

(2) 减少摩擦起电

在传动装置中，应减少皮带与其他传动件的打滑现象。如皮带要松紧适当，保持一定的拉力，并避免过载运行等。选用的皮带应尽可能采用导电胶带或传动效率较高的导电的三角胶带。在输送可燃气体、易燃液体和易燃易爆物体的设备上，应采用直接轴（或联轴节）传动，一般不宜采用皮带传动；如需要皮带传动，则必须采取有效的防静电措施。

限制易燃和可燃液体的流速，可以大大减少静电的产生和积聚。当液体平流时，产生的静电量与流速成正比，且与管道的内径大小无关。

(3) 采用防静电材料

防静电材料一般采用表面电阻在 $1\times10^5\,\Omega$ 以下的所谓静电导体，也可以采用表面电阻在 $1\times10^5\sim1\times10^8\,\Omega$ 的静电亚导体。由于金属是导体，而导体的漏放电流大，会损坏器件；绝缘材料又非常容易摩擦起电，因此，金属和绝缘材料都不能用作防静电材料。常用的静电防护材料多为在橡胶中混入导电炭黑来实现的，这是因为其表面电阻已控制在 $1\times10^6\,\Omega$ 以下。

(4) 控制环境湿度

控制好环境湿度，可提高非导体材料的表面电导率，使物体表面不易积聚静电。这种增加环境湿度的方法在降低静电产生的同时，还可以为生产节约不少的成本。在干燥环境下采取加湿通风的措施，就是防止静电的好方法。

7.3.5 常用的静电防护和检测器材

在电子产品的生产过程中，静电防护器材及静电测量仪器是静电防护工程中必不可少的，它直接关系到静电防护的质量。

(1) 人体静电防护系统

人体静电防护系统主要由防静电手腕带、脚腕带、工作服、鞋、帽、手套或指套等组成。人体静电防护系统具有静电泄漏和屏蔽功能，可以有效地将人身上的因摩擦产生的静电进行释放。如图 7.13 所示，是一款防静电腕带，工人将防静电腕带戴在手腕上，有接插件插在工作台上，就可以有效地消除人体上的静电。

图 7.13 一款防静电腕带

（2）防静电地面

防静电地面可以有效地将工作车间中的工作人员、泄放静电设备等携带的静电通过地面泄放到大地，它包括防静电水磨石地面、防静电橡胶地面、PVC防静电塑料地板、防静电地毯、防静电活动地板等。

（3）防静电操作系统

防静电操作系统指的是在电子产品生产工艺流程中经常与元器件接触摩擦的防护设备，这些设备包括工作台垫、防静电包装袋、防静电料盒、防静电周转箱、防静电物流小车、防静电烙铁及工具等。

（4）常用静电测量仪器

① 静电场测试仪　静电场测试仪是用于测量台面、地面等表面电阻值。平面结构场合和非平面场合要选择不同规格的测量仪。如图7.14所示，为一款非接触式手持静电场测试仪的外观。

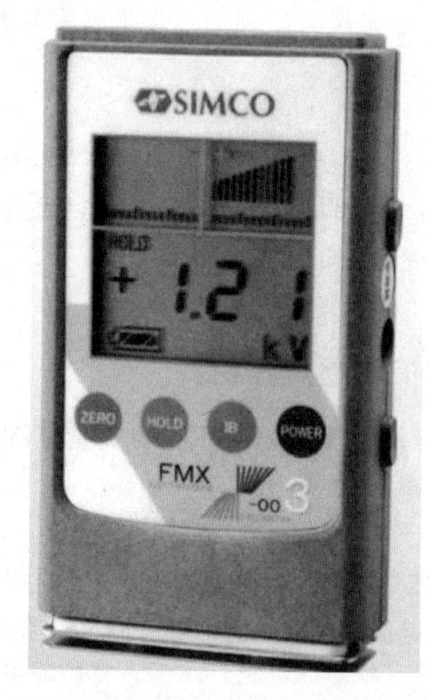

图7.14　非接触式手持静电场测试仪的外观

② 腕带静电测试仪　腕带静电测试仪可以准确、迅速、方便地检测接地系统是否符合标准，可以检测手腕和接地线之间的静电电压，检测手腕与皮肤之间接触的阻抗大小，测量防静电接地板、防静电垫子和接地线之间的阻抗等。

由于腕带的抗静电材料受人为原因而失效的可能性较大，员工每天上班前都应检测腕带是否有效。如图7.15所示，为一款腕带测试仪的外观。

③ 人体静电测试仪　人体静电测试仪是用于测量人体携带的静电量、人体双脚之间的阻抗以及测量人体之间的静电差和腕带、接地插头、工作服等的阻抗。它还可以作为员工进入车间大门前的放电设备，直接将人体静电隔在车间之外。如图7.16所示，为一款人体静电测试仪的外形。测试时，人员只要双脚站在人体静电测试仪的两个极板上，就可以测量出人体携带的静电电压，并可以将其泄放掉。

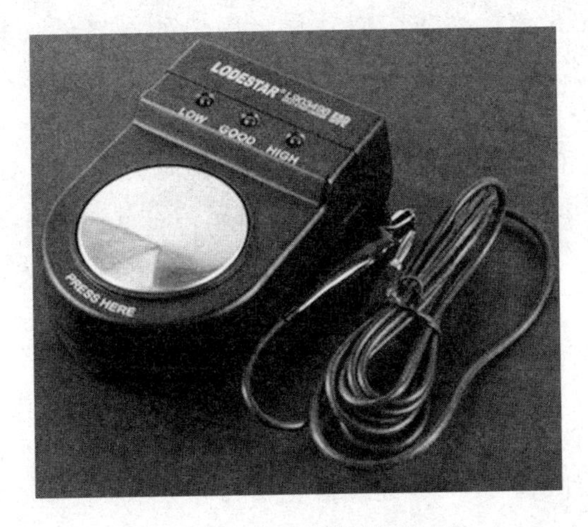

图 7.15　一款腕带测试仪的外观

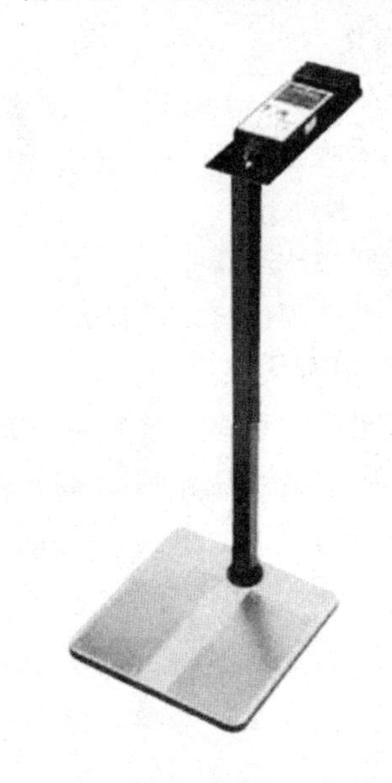

图 7.16　一款人体静电测试仪的外形

7.3.6　整机装配中的安全用电问题

尽管人们常常将电子产品的装配工作称为“弱电”操作，但在实际工作中也免不了接触“强电”。许多电动工具如电烙铁、电钻、电热风机和一些检测用的仪器设备大都需要使用交流 220V 才能工作，因此安全用电也是电子产品装配工作中必须要考虑的问题。

(1) 落实安全用电措施

在整机装配工作中要遵守安全用电规则，落实安全用电措施。

① 要正确选用安全电压。国家标准规定安全电压额定值的等级为 42V、36V、24V、12V、6V。在一般干燥场所使用的手持式电机工具可用 36V 或 42V 电压，在潮湿场所使用的手持式电机工具则应选用 24V 或 12V。在极潮湿场所使用的手持式电机工具则应选用 6V。

② 电气设备必须满足绝缘要求。通常规定固定的电气设备其绝缘电阻值不得低于1MΩ；可移动式电气设备的绝缘电阻值不得低于2MΩ；有特殊要求的电气设备其绝缘电阻值更高。

③ 要合理选择导线和熔丝规格。导线的额定电流应大于实际工作电流。熔丝是在短路和严重过载时起保护作用的，熔丝的选择应符合规定的容量，不得以金属导线代替。

④ 在非安全电压下作业时，应尽可能单手操作，脚最好站在绝缘物体上。在调试高压时，地面应铺绝缘垫，作业人员应穿绝缘鞋，戴绝缘手套。

⑤ 使用移动式电动工具时，应戴绝缘手套，移动电动工具前必须切断电源。

⑥ 拆除电气设备后，不应留有带电的导线，如需保留，则必须做好绝缘处理。

⑦ 所有电气设备、仪器仪表、电气装置、电动工具都应保护接地。

⑧ 在装配过程中剪掉的导线头或金属物要及时清除，不能留在机器内部，以免造成隐患。烙铁头上多余的焊锡不能乱甩。

(2) 整机装配过程中的安全操作

各种电子产品的电路都有各自的特点，在安装、检测过程中要特别遵守安全操作规程。

① 单手操作。要习惯于进行单手操作，即用一只手操作，另一只手不要接触机器中的金属零部件，包括底板、线路板、元器件等。

② 绝缘隔离。工作人员的脚下要垫块绝缘垫。

③ 带电操作采用隔离变压器。在必须进行带电操作时，最好采用1∶1隔离变压器，以使设备和电路与交流市电完全隔离，确保人身安全。

④ 断电操作。在更换电路中的元器件之前一定要先切断交流供电和直流电源。

⑤ 放电后再操作。在拔除电视机中的高压帽或者是大容量的电容器时，要先用螺丝刀对其进行放电，以免残留高压产生电击。

(3) 整机检测中的安全事项

在检测电子整机产品时应注意的安全事项如下：

① 在拉出电路板进行电压测量时，要注意电路板背面的焊点不要被金属部件短接，可用绝缘物甚至是用一块纸板加以隔离。

② 不可用大容量的熔断丝去代替小容量的熔断丝。

③ 对电路曾出现爆炸、冒烟等故障进行维修时，不要随意通电。

第8章 电子产品的调试

在电子行业有句话，叫做“三分装七分调”，这个调就是对电子产品的调整和测试，通常统称为调试，可见电子产品调试工作的重要性。

电子产品装配完成之后，必须通过调整与测试才能达到规定的技术要求。装配工作只是把电子元器件按照电路的要求连接起来，由于每个元器件特性的参数差异，其综合结果会使电路性能出现较大的偏差，使整机电路的各项技术指标达不到设计要求。

即使现在的电子产品已经进入了数字化时代，电子产品的调试工作和内容已经与过去大有不同，但是电子产品的调试工作仍然是一个重要的环节。

8.1 电子产品的调试仪器与调试内容

8.1.1 电子产品的调试仪器

电子产品的调试仪器分成通用调试仪器和专用调试仪器。通用调试仪器是针对电子电路的一项电参数或多项电参数的测试而设计的，可检测多种产品的电参数。而专用调试仪器是为一个电子产品进行调试而专门设计的，其功能单一，专门用于检测单一电子产品的一项或几项参数。

(1) 基本调试仪器

最基本的调试仪器有正弦波信号发生器、指针式和数字式万用表、单踪和双踪示波器、单路和双路直流稳压电源等。

(2) 高级通用电路

根据电子产品的不同，还可以配置一些高级的仪器电路，比如扫描仪、频谱分析仪、集中参数测试仪、逻辑笔、万用电桥和函数信号发生器等。

(3) 专用调试仪器

专用调试仪器用于对单一电子产品的调试，比如电冰箱测漏仪就是一个专用调试仪器。

对于特定电子产品的调试，又可分为两种情况：一是小批量多品种，一般是以通用仪器加上专用仪器，即可以完成对产品的调试工作；二是大批量规模化生产，应以专用调试仪器为主，主要是提高生产效率。

8.1.2 电子产品的调试内容

电子产品的调试其实是调整和测试两部分内容。

(1) 电子产品的调整

调整主要是对电路参数进行调整，一般是对电路中的可调元器件，比如可调电阻器、可调电容器、可调电感等以及可调整的机械部分进行调整，使电路达到预定的功能和性能。

(2) 电子产品的测试

测试主要是对电路的各项技术指标和功能进行测量和试验，并和电路的设计指标进行比较，以确定电路是否合格，是否需要调整和改进。

(3) 调整与测试的关系

调整与测试是相互依赖、相互补充的，在实际工作中，两者是一项工作的两个方面，测试、调整、再测试、再调整，这个工作是循环反复进行的，直到实现电路的设计指标为止。

(4) 调试与装配的关系

调试是对装配技术的总检查，产品装配的质量越高，调试的直通率就越高，各种装配缺陷和错误都会在调试中暴露。调试又是对设计工作的检验，凡是在设计时考虑不周或存在工

艺缺陷的地方，都可以通过调试来发现，并为改进和完善产品质量提供依据。

（5）调试工作的地点

调试工作一般在装配车间进行，需要严格按照调试工艺文件进行调试。比较复杂的大型电子产品，根据设计要求，可在生产厂进行部分调试工作或粗调，然后在安装场地按照技术文件的要求进行最后安装和全面调试工作。

8.1.3 电子产品的调试程序

在开始调试电子产品之前，调试人员应仔细阅读该电子产品的调试说明及调试工艺文件，熟悉该电子产品的工作原理，熟悉要测试内容的技术条件及有关要求，熟悉并能正确使用调试仪器。

由于电子产品的种类繁多，电路复杂，各种单元电路的种类及数量也不同，所以调试程序也不尽相同。对一般的电子产品来说，可以按照下列程序进行调试。

（1）通电检查

先置电源开关于“关”位置，检查电源变换开关是否符合要求（是交流220V还是110V）、检查保险丝是否装入，电源是否合乎要求，检查完毕无误后，插上电源插头，打开电源开关通电。

接通电源后，电路的电源指示灯应点亮，此时应注意电路有无放电、打火、冒烟现象，有无异常气味产生，用手摸电源变压器判断有无过热，若有这些现象，立即停电再行检查。

（2）电源调试

电子产品中大都装备有本机直流稳压电源电路，调试工作首先要进行电源部分的调试，才能顺利进行其他项目的调试。电源调试通常分为两个步骤。

① 电源空载调试　电源电路的调试通常先在空载状态下进行，目的是避免因电源电路未经调试而加载，引起部分电子元器件的损坏。

调试时，插上电源部分的印制板，测量有无稳定的直流电压输出，其值是否符合设计要求或调节取样电位器使之达到预定的设计值。测量电源各级的直流工作点和电压波形，检查工作状态是否正常，有无自激振荡等。

② 电源加载调试　在电源空载调试正常的基础上，关掉电源，给电源加上额定负载。打开电源开关，再测量电源的各项性能指标，检测测量数值是否符合设计要求，此时可以调整有关可调元件，使电路达到设计要求，然后将调试元件的位置锁定，使电源电路具有加载时所需的最佳功能状态。

有时为了确保负载电路的安全，在电源加载调试之前，可以先加上一个等效负载，然后再对电源电路进行调试，以防匆忙接入负载电路，减少负载可能会受到的过度冲击。

（3）分级分板调试

电子产品的电源电路调好后，可进行电子产品其他电路的调试。通常按照单元电路的顺序，根据调试的需要及方便，由前到后或从后到前依次接入各个部件或印制电路板，分别进行调试。

首先要测试和调整电路的静态工作点，然后进行动态各参数的调整，直到各部分电路均符合技术文件规定的技术指标为止。

在调整高频电路时，为了防止工业干扰和强电磁场的干扰，调整工作应该在屏蔽室内进行。

(4) 整机调整

各部分电路调整好之后，把电子产品所有的部件及印制电路板全部接上，进行整机调试。先检查各部分电路连接以后对整机电路有无影响，再检查机械结构对电路电气性能的影响等。整机电路调整好之后，确定并紧固各调整元件，对电子产品进行全部参数测试，各项参数的测试结果均应符合技术文件规定的技术指标，最后要测试电子产品整机的总电流和实际功率。

(5) 环境试验

大多数电子产品在调试完成之后，还需进行环境试验，以考验在相应环境下正常工作的能力。环境试验有温度、湿度、气压、振动、冲击和其他环境试验，应严格按照技术文件的规定执行。

(6) 老化试验

电子产品在测试完成之后，均需进行整机通电老化试验，目的是提高电子产品工作的可靠性。老化试验应按电子产品技术文件的规定进行。

(7) 参数复调

电子产品整机经过通电老化后，整机的各项技术性能指标会有一定程度的变化，通常还需进行参数复调，使交付使用的电子产品具有最佳的性能。

电子产品的调试工作对操作者的技术和综合素质要求较高，特别是样机的调试工作是技术含量很高的工作，没有扎实的电子技术基础和一定的实践经验是难以胜任的。

8.2 电子产品的调试类型

电子产品的调试有两种类型：一种是样机产品调试；另一种是批量产品调试。

8.2.1 电子产品的样机调试

(1) 样机产品的调试过程

电子产品的样机调试，不单纯指电子产品在试制过程中制作的样机，而是泛指各种试验电路。样机产品的调试过程如图 8.1 所示，其中故障检测占了很大比例。

样机产品的调整和测试工作都是由同一个技术人员完成的，这项工作不是一道生产工序，而是产品设计的过程之一，是电子产品定型和完善的必由之路。

(2) 电子产品样机的调试准备

对于电子产品的样机来说，除了设计工作之外，调试工作就是最重要的环节。

① 样机调试工作的技术准备　调试样机前一定要准备好样机的电路原理图、印制电路图、零件装配图、主要元器件接线图和产品的主要技术参数，如果不是自己设计的样机，还

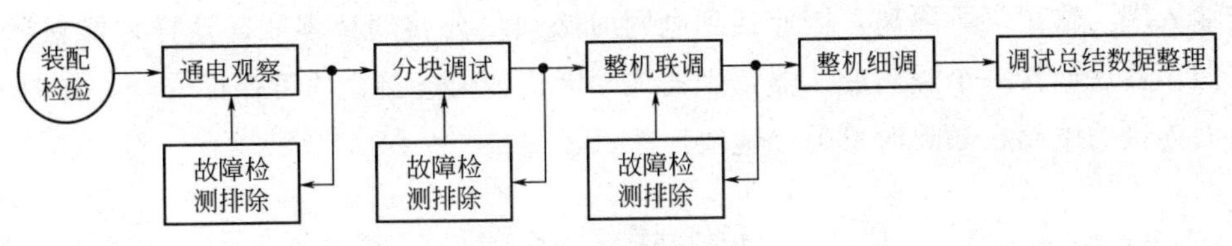

图 8.1 样机调试的过程

要先熟悉样机的工作原理、主要技术指标和功能要求，在装配图上要标记出测试点和调整点，并尽可能给出测试参数的范围和波形图等技术资料。

② 样机调试工作的条件准备　要根据样机的大小准备好调试场地和电源，准备好必需的测试仪器，对测试仪器电路先要进行检查，以保证其完好和测量精度。在调试有高压危险的电路时，应在调试场地铺设绝缘胶垫，在调试现场要挂出警视标记。

③ 样机调试工作的元器件准备　在样机调试工作中，要事先准备好需要调整的元器件，以方便届时取用。

(3) 样机调试工作的顺序

① 电源第一　对本身带电源的样机，一定要先调好电源。具体调试时可按以下顺序进行。

a. 空载初调。

b. 加载细调。

② 先静后动　进行样机调试时要先进行静态调试，然后再进行动态调试。对模拟电路而言，先不加输入信号并将输入端接地，即可进行直流测试，包括测量各部分电路的直流工作点、静态电流等参数，若测量时发现参数不符合技术要求，要进行调整，使之符合设计要求。

动态调试是指给电路加上输入信号，然后进行测量和调整电路。典型的模拟电子产品如收音机、电视机等产品的调试过程都是按此顺序进行的。

对数字电路来说，静态调试是指先不给电路送入数据而测量各逻辑电路的有关直流参数，然后再输入数据对逻辑电路的输出状态进行测量和功能调整。

③ 先分后合　对多级信号处理电路或多种功能组合电路要采用先分级或分块调试，最后进行整个系统调试的方法。这种调试方法一方面使调试工作条理清楚，另一方面可以避免一部分电路失常影响或损坏其他电路。

④ 使用稳压/稳流电源进行调试　样机电路在第一次通电时一定要采用外接的稳压/稳流电源，这样可避免意外损失。等样机电路正常工作后，再接入已调好的样机本机电源。

当调试仪器需要使用调压变压器时，要注意调压器的接法，如图 8.2 所示。由于调压变

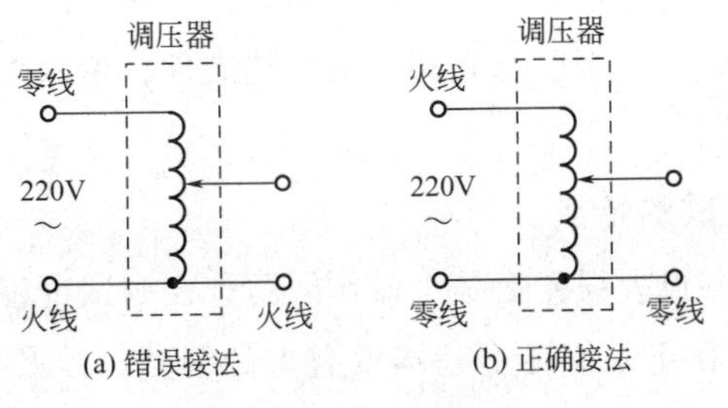

图 8.2 调压器的接法

压器的输入端与输出端不隔离，因此接到电网时必须使公共端接零线，这样才能保证安全。如果在调压器后面接一个隔离变压器，则输入端无论如何连接，均可保证安全，如图8.3所示。后面连接的电路在必要时可另接地线。

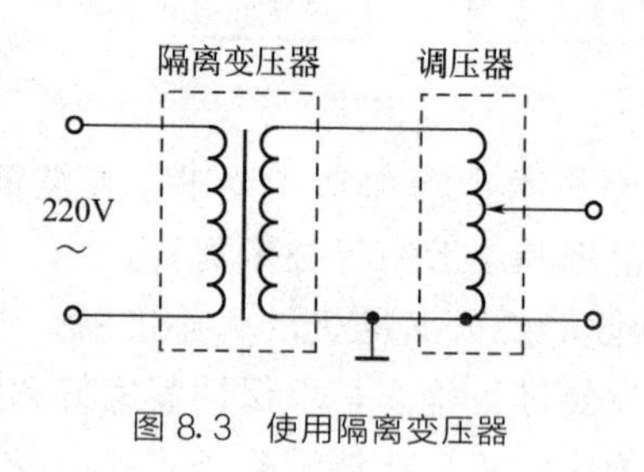

图8.3 使用隔离变压器

8.2.2 电子产品的批量调试

电子产品的批量调试是大规模生产过程中的一道工序，是保证产品质量的重要环节。

(1) 电子产品的批量调试的过程

电子产品批量调试的过程如图8.4所示。

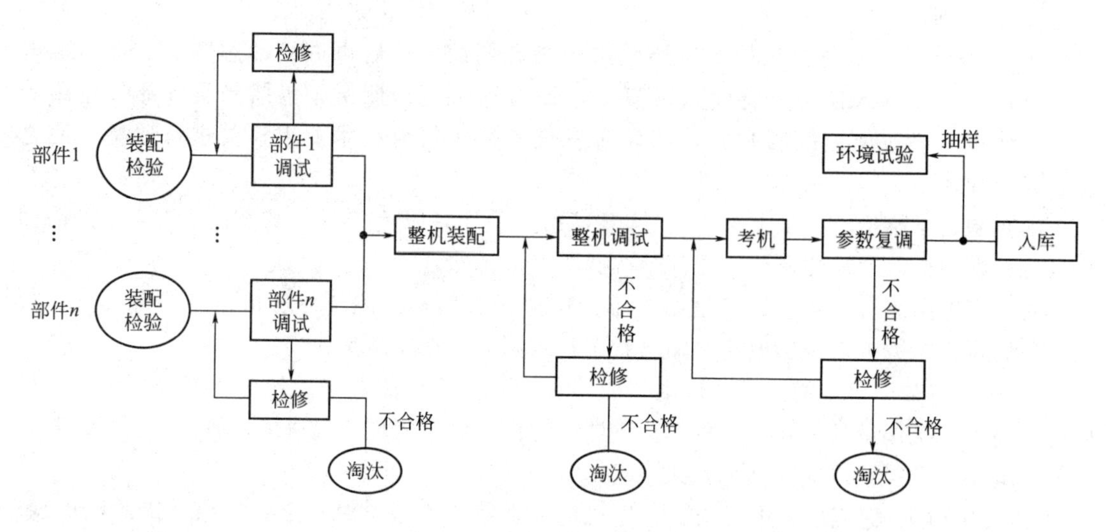

图8.4 电子产品批量调试的过程

在电子产品批量生产的过程中有一些工序也是调试，调试的结果直接影响下一道工序的生产。在规模化生产中，每一个工序都有相应的工艺文件，编制先进的、合理的调试工艺文件是提高调试质量的保证。

(2) 电子产品批量调试的特点

电子产品的批量调试在很大程度上是个操作问题，在调试过程中有如下特点。

① 电子产品批量调试在正常情况下基本没有大的调整，涉及不到产品工艺是否正确这样的问题。

② 电子产品批量调试仅仅是解决元器件特性参数的微小差别，或是在可调元件的调整范围内对元件的参数加以调整，一般不会出现更换器件的问题。

③ 电子产品在批量生产时往往采用流水作业，所以在产品的调试中如果发现有装配性故障，则该故障基本上带有普遍性。

④ 电子产品批量调试是装配车间的一个工序，调试要求和操作步骤可以完全按照工艺卡进行，因此产品调试的关键是制定合理的工艺文件。

电子产品批量调试的质量往往同生产管理和质量管理水平有直接关系，而不仅是调试人员本身的技术水平问题。

(3) 电子产品批量调试工艺文件的内容

无论是整机调试还是部件调试，在具体生产线上都是由若干个工作岗位完成的，因此调试工艺文件的制定是很重要的。

调试工艺的制定是指制定出一套适合某一种电子产品调试的内容及做法，使调试工作能够顺利进行并能取得良好的效果。它应包括以下基本内容。

① 调试内容应根据国家或企业颁布的标准和产品的等级规格具体拟定。

② 调试仪器（包括各种测量仪器、工具、专用测试电路等）的选择和操作方法。

③ 调试的具体方法及具体步骤。

④ 测试条件。

⑤ 调试安全操作规程。

⑥ 调试所需要的数据资料及记录表格。

⑦ 调试所需要的工时定额。

⑧ 测试责任人员的签署及交接手续。

以上所有内容都应在调试工艺文件中反映出来。

(4) 制定电子产品批量调试方案的原则

对于不同的电子产品其调试方案是不同的，但是制定的原则方法具有共同性，具体如下。

① 根据产品的规格、等级及商品的主要走向，确定调试的项目及主要的性能指标。

② 要在深刻理解该产品的工作原理及性能指标的基础上，着重了解电路中影响产品性能的关键元器件的作用、参数及允许变动的范围，这样不仅可以保证调试的重点，还可提高调试的工作的效率。

③ 考虑好各个部件本身的调整及相互之间的配合，尤其是各个部分的配合，因为这往往影响到整机性能的实现。

④ 尽量采用先进的工艺技术，以提高生产效率及产品质量。

⑤ 调试方案中对调试内容定得越具体越好；测试条件要写得仔细清楚；调试步骤应有条理性；测试数据尽量表格化，便于观察了解及综合分析；安全操作规程的内容要具体明确。

8.3 电子产品的测试方法和调试内容

测试电子产品的关键在于采用合适的检查方法，以便发现、判断和确定产生故障的部位和原因，这样就可以对产品进行调整和维修。

8.3.1 检查电子电路故障的方法

检查电子电路故障的方法有很多，以下四种方法是最基本的检查方法。

(1) 观察法

观察法是凭人感官的感觉对故障原因进行判断。

① 电路不通电时的观察　在电路不通电的情况下，对电子产品面板上的开关、旋钮、刻度盘、插口、接线柱、探测器、指示电表和显示装置、电源插线、熔丝管插塞等都可以用观察法来判断有无故障。

对电路板上的元器件、插座、电路连线、电源变压器、排气风扇等也可以用观察法来判断有无故障。观察元件有无烧焦、变色、漏液、发霉、击穿、松脱、开焊、短路等现象，一经发现，应立即予以排除，通常就能修复电路。

② 电路通电时的观察　如果在不通电观察中未能发现问题，就应采用“通电观察法”进行检查。通电观察法特别适用于检查元件跳火、冒烟、有异味、烧熔丝等故障。为了防止故障的扩大，以及便于反复观察，通常要采用逐步加压法来进行通电观察。

采用逐步加压法时，可使用调压器来供电，其测试电路的接线图如图 8.5 所示。

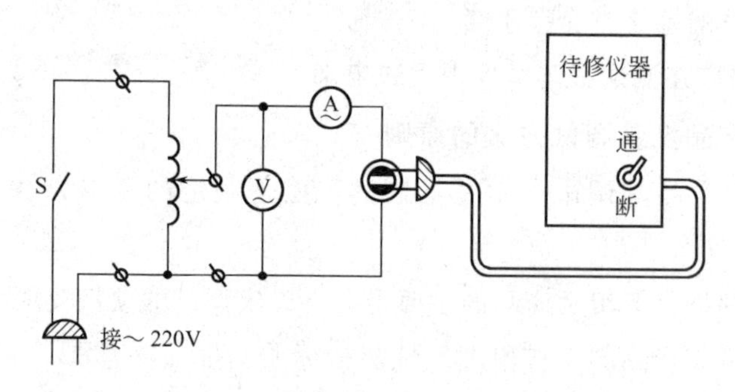

图 8.5　用逐步加压法测试电路接线图

在逐步加压的过程中，若发现电路有元件发红、跳火、冒烟，整流二极管很烫或电解电容器有发烫、吱吱声，或电源变压器、电阻器发烫、发黑、冒烟、跳火等现象时，应立即切断电源，并将调压器的输出电压退回到 0V，如一时看不清楚损坏的器件，可以再开机进行逐步加压的通电观察。

如果在加电压不大的情况下（十几伏或几十伏），交流电流指示值已有明显增大，这表明电路内部有短路故障存在，此时应将调压器的输出电压调回到 0V，然后将被测量的电路逐步分割，再进行开机采用逐步加压测试。当电流指示恢复正常时，说明被分割的那部分电

路有短路故障。

(2) 电阻法

在电路不通电的情况下，使用万用表的电阻挡对电路进行检查，是确定故障范围和确定元件是否损坏的重要方法。

对电路中的晶体管、场效应管、电解电容器、插件、开关、电阻器、印制电路板的铜箔、连线都可以用测量电阻法进行判断。在维修时，先采用“测量电阻法”，对有疑问的电路元器件进行电阻检测，可以直接发现损坏和变质的元件，对元件和导线的虚焊等故障也是一个有效的方法。

采用“测量电阻法”时，可以用万用表的R×1挡检测通路电阻，必要时应将被测点用小刀刮干净后再进行检测，以防止因接触电阻过大造成错误判断。

采用“测量电阻法”时，要注意如下几点。

① 断电测量。不能在仪器电路开通电源的情况下检测各种电阻值。

② 放电测量。检测电容器时应先对电容进行放电，然后脱开电容的一端再进行检测。

③ 断线测量。在电路板上测量电阻等元件时，如该元件和其他电路元件有连接，应脱开被测元件的一端，然后再进行电阻测量。

④ 分清极性。对于电解电容和晶体管等元件的检测，应注意测试表笔（棒）的极性，不能搞错。

⑤ 挡位合适。万用表电阻挡的挡位选用要适当，否则不但检测结果会不正确，甚至会损坏被测元器件。

(3) 电压法

测量电压法是通过测量被修仪器电路的各部分电压，与电路正常运行时的标准电压值进行对照，然后判断分析故障原因的一种方法。

当被修仪器电路的技术说明书中，附有电路的工作电压数据表、电子器件的引脚对地电压值、电路上重要结点的电压值等维修资料时，应先采用测量电压法进行检测。

对于电路中电流的测量，也通常采用测量被测电流所流过电阻器两端的电压，然后借助欧姆定律进行间接推算。

检查电子电路的交流供电电源电压和仪器内部的直流电源电压是否正常，是分析故障原因的基础，所以在检修电子仪器电路时，应先测量电源电压，往往会发现问题，查出故障。

对于已确定电路故障的部位，也需要进一步测量该电路中的晶体管、集成电路等各引脚的工作电压，或测量电路中主要结点的电压，看测量数据是否正常，这对于发现故障和分析故障原因均有很多帮助。

(4) 替代法

替代法又称为代换法，是对可疑的元器件、部件、插板、插件乃至半台机器，采用同类型的部件进行替换，以此来判断出有故障的部位或有故障的元件。替换法对于缩小检测范围和确定元件的好坏很有效果，特别是对于结构复杂的电子仪器电路进行检查时最为有效。

在检修电子仪器电路时，如果怀疑某个元件有问题但又不能通过检测给出明确的判断，

就可以使用与被怀疑器件同型号的元器件，暂时替代有疑问的元器件。若电路的故障现象消失，说明被替代元件有问题。若替换的是某一个部件或某一块电路板，则需要再进一步检查，以确定故障的原因和元件。

使用替换法检测电路需要具备一定条件：

① 有备份件；

② 有同类型的电子产品。

随着电子电路所用器件的集成度增大，智能化的电子电路迅速增多，使用替换法进行检查具有重要的地位。在进行具体操作时，要脱开有疑问的有源元器件，使用好的元器件来替代，然后开机观察仪器的反应。对于有开路疑问的电阻和电容等元件，可使用好的元器件直接在板上进行并联焊接，以判断出该元件的好坏。

在进行器件替代后，若故障现象仍然存在，说明被替代的元器件或单元部件没有问题，这也是确定某个元件或某个部件是好的一种方法。

在进行替代元件更换的过程中，要切断电路的电源，严禁带电进行操作。

8.3.2 电子产品的调试内容

(1) 电路静态工作点的调试

各级电路的调试，首先是各级直流工作状态（静态）的调整，测量各级直流工作点是否符合设计要求。检查电路的静态工作点也是分析判断电路故障的一种常用方法。

① 晶体管静态工作点的调整　调整晶体管的静态工作点就是调整它的偏置电阻（通常调上偏电阻），使它的集电极电流达到电路设计要求的数值。调整一般是从最后一级开始，逐级往前进行。调试时要注意静态工作点的调整应在无信号输入时进行，特别是对电路的变频级，为避免产生误差，可采取临时短路振荡的措施，例如，将双连可变电容中的振荡连短路，或将双连可变电容调到无台的位置。

各级电路分别调整完毕后，要接通所有各级电路的集电极电流检测点，再用电流表检查整机静态电流。

② 模拟集成电路静态的测试　由于模拟集成电路本身的结构特点，其“静态工作点”与晶体管不同，集成电路能否正常工作，一般看其各引脚对地电压是否正确。因此只要测量集成电路各引脚对地的电压值与正常数值进行比较，就可判断其“静态工作点”是否正常。

有时还需对整个集成块的功耗进行测试，测试的方法是将电流表接入集成块的供电电路中，测量出电流值，然后计算出其耗散功率。若该集成块采用正负双电源供电，则应对正负电源电流分别进行测量，再得出总的耗散功率。

对于不符合测量结果的集成电路，一般均需更换该集成电路。

③ 数字集成电路的测试　对于数字集成电路除了需要测量集成电路各引脚对地的电压值和耗散功率外，往往还要测量其输出逻辑电平的大小。例如对各种门电路的测量就应如此，如图 8.6(a)、(b) 所示，是测量 TTL 与非门输出高电平和低电平的接线图，图中的 R_L 为规定的假负载。

对于不符合测量结果的集成电路，一般均需更换该集成电路。

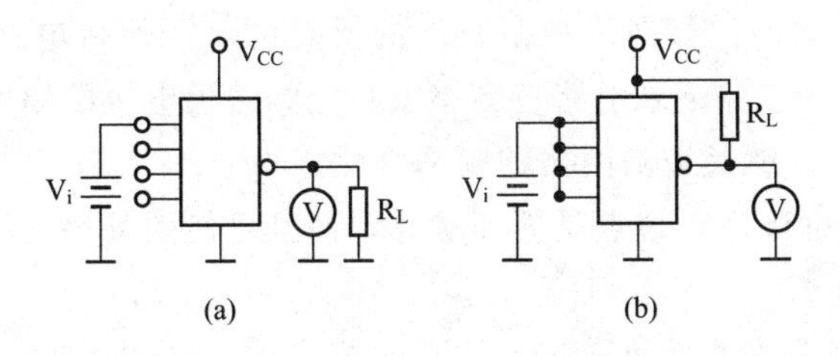

图 8.6 TTL 集成电路的调整测量接线图

④ 集成运放的调整　模拟集成电路种类繁多，调整方法不一，以使用最广泛的集成运放为例，除需要测量各个引脚的直流电压外，往往还需要进行“零电位”的调整，如图 8.7 所示，W 为外接调零电路的电位器，R_2一般取 R_1与 R_f的并联值，若改变了输入电阻 R_1和平衡电阻 R_2的大小，则需要重新对电位器 W 进行调整，以保证在没有输入的情况下，输出是“零电位”。

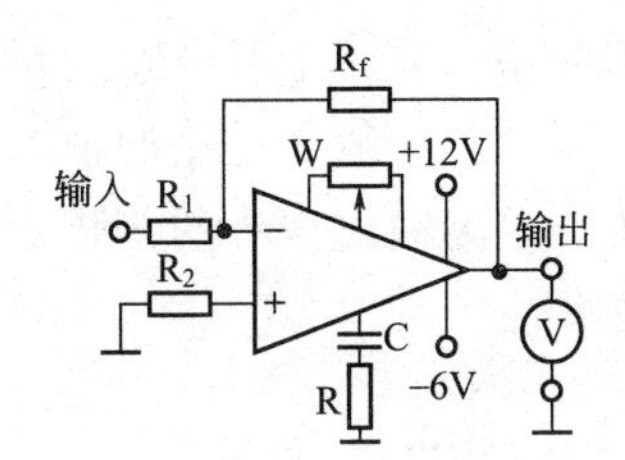

图 8.7 集成运放电路的静态调整接线图

(2) 电路动态特性的调试

① 波形的观察与测试　波形的观测是电子产品调试工作的一项重要内容。大多数电子产品整机电路中都有波形的产生、变换和传输的电路。通过对波形的观测来判断电路工作是否正常，已成为测试与维修中的主要方法。观察波形使用的仪器是示波器，通常观测的波形是电压波形，有时为了观察电流波形，可采用电阻变换成电压或使用电流探头。

利用示波器进行调试的基本方法，是通过观测各级电路的输入端和输出端或某些特殊点的信号波形，来确定各级电路的工作是否正常。若电路对信号变换处理不符合设计要求，则说明电路的某些参数不对或电路出现某些故障。应根据具体情况，逐级或逐点进行调整，使其符合预定的设计要求。

这里需要注意的是，各级电路在调整过程中，是有相互影响的。例如在调整功率放大器的静态电流时，其中点电位可能发生变化，这就需要反复调整，以达到最佳状态。

示波器不仅可以观察各种波形，而且可以测试波形的各项参数，例如幅度、周期、频率、相位、脉冲信号的前后沿时间、脉冲宽度和调幅信号的调制度等。

② 频率特性的测量　在分析电路的工作特性时，经常需要了解网络在某一频率范围内其输出与输入之间的关系。当输入电压幅度恒定时，网络的输出电压随频率而变化的特性称之为网络幅频特性。频率特性的测量是整机测试中的一项主要内容，如收音机中频放大器频率特性的测试结果能反映收音机选择性的好坏；电视接收机图像质量的好坏，主要取决于高频调谐器及中放通道的频率特性。

频率特性的测量，一般有两种方法：一是点频法（又称插点法）；二是扫频法。

a. 点频法。运用点频法进行网络频率特性的测量时，需保持电路的输入电压不变，逐点改变信号发生器的频率，并记录电路各频率点对应的输出电压的幅度，并在直角坐标平面描绘出幅度-频率曲线，这就是被测网络的频率特性。

点频法的优点是准确度高，缺点是繁琐费时，而且可能因频率间隔不够密，会漏掉被测频率中的某些细节。

b. 扫频法。运用扫频法进行网络频率特性的测量时，是利用扫频信号发生器来实现频率特性的自动或半自动测试。因为扫频信号发生器的输出频率是连续变化的，因此扫频法能简捷、快速地进行网络频率特性的测量，而且不会漏掉被测频率特性的细节。

但是用扫频法测出的动态特性对于用点频法测出的静态特性来讲是存在误差的，因而测量不够准确。用扫频法测频率特性的仪器叫做“频率特性扫频仪”，简称扫频仪。

③ 瞬态过程的观测　在分析和调整电路时，为了观测脉冲信号通过电路后的畸变，会感到测量其频率特性的方法有些繁琐，而采用观测电路的过渡特性（瞬态过程），则比较直观，而且能直接观察到输出信号的形状，适合于对电路进行动态调整。

瞬态过程观测的方法如图 8.8 所示。一般在电路的输入端输入一个前沿很陡的阶跃波或矩形脉冲，而在输出端用脉冲示波器观测输出波形的变化。根据输出波形的变化，就可判断产生变化的原因，明确电路的调整方法。

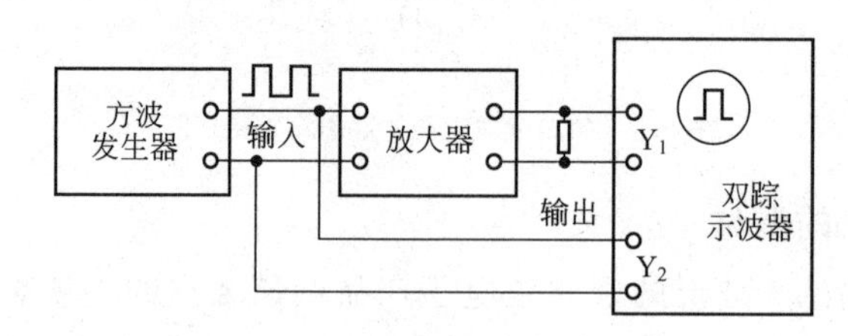

图 8.8　瞬态过程的观测接线图

如图 8.9 所示，是一个方波信号通过某放大器后的各种输出波形。图 8.9(a) 为正常输出波形；图 8.9(b) 表示放大器的高频响应不够宽；图 8.9(c) 表示放大器的低频增益不足；图 8.9(d) 表示放大器的低频响应不足。

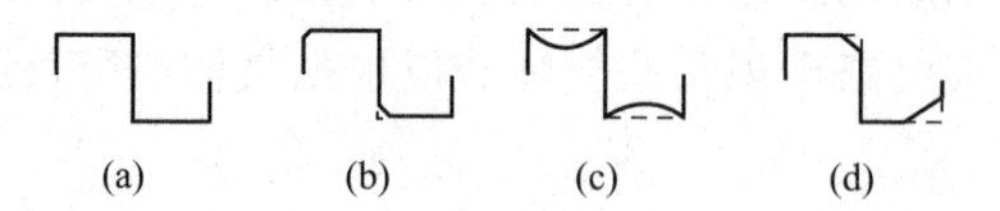

图 8.9　放大器瞬态过程输出波形分析

8.4 电子产品整机调试实例

8.4.1　超外差式调幅收音机的调试

(1) 标准超外差式收音机的电路图

标准超外差式收音机的电路图如图 8.10 所示。

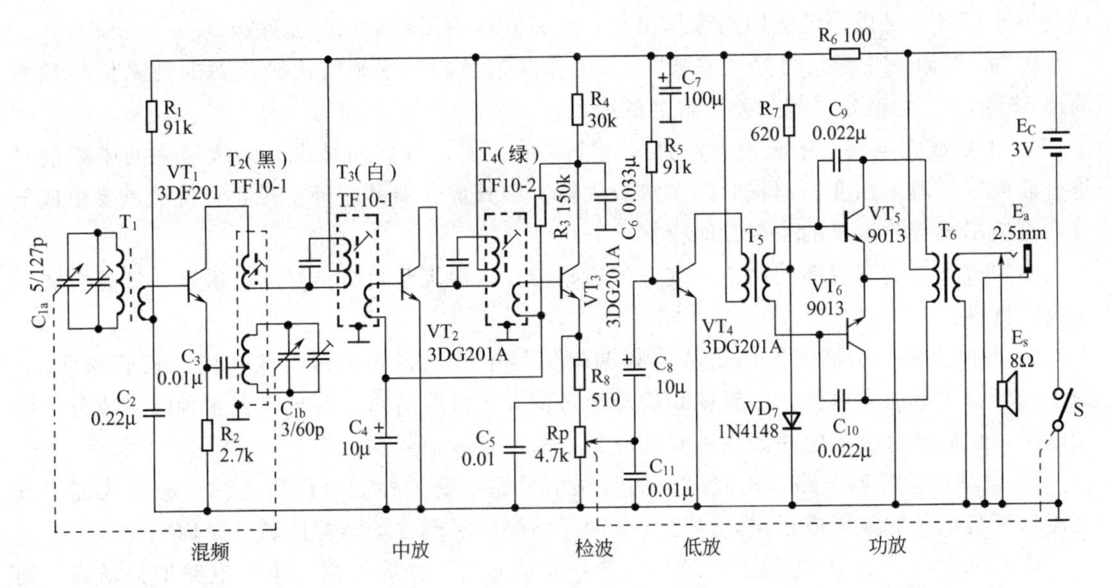

图 8.10　标准超外差式收音机的电路图

(2) 标准超外差式收音机的电路方框图

标准超外差式收音机的电路方框图如图 8.11 所示。

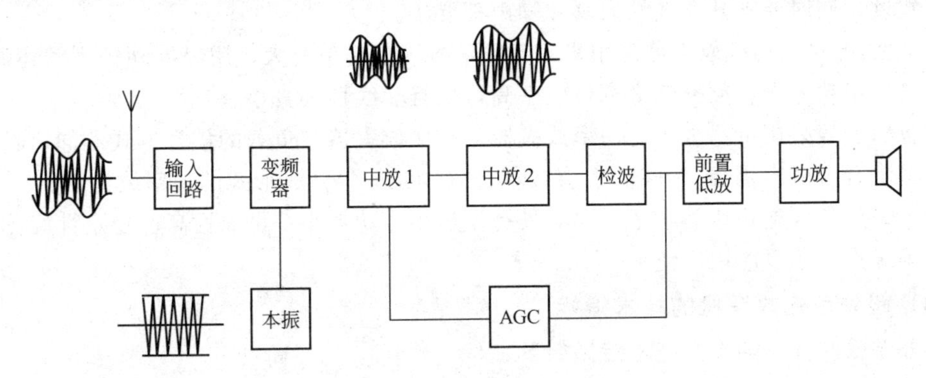

图 8.11　标准超外差式收音机的电路方框图

收音机电路方框图是将整个电路分为若干个相对独立的部分，每一部分用一个方框来表示，在方框内写明该部分电路的功能和作用，在各方框之间用连线来表明各部分之间的关系，并附有必要的文字和符号说明。

① 输入回路　输入回路又称输入调谐回路或选择电路，其作用是从天线上接收到的各种高频信号中选择出所需要电台信号，然后将这个电台信号送到变频级。输入电路是收音机的大门，它的灵敏度和选择性对整机的灵敏度和选择性都有重要影响。

② 变频器　变频器由本机振荡器和混频器组成，其作用是将输入电路选出的信号（载波频率为 f_s 的高频信号）与本机振荡器产生的振荡信号（频率为 f_r）在混频器中进行混频，结果得到一个固定频率为 465kHz 的中频信号。这个过程称为“变频”。

变频器只是将信号的载波频率降低了，而信号的调制特性并没有改变，仍属于调幅波。由于混频管的非线性作用，高频载波 f_s 与本振频率 f_r 在混频过程中，产生了新的信号，除原信号的频率外，还有二次谐波及两个频率的和频和差频分量。其中的差频分量（$f_r—f_s$）

就是中频信号，可以用谐振回路选择出来，而将其他不需要的信号滤除掉。

因为465kHz中频信号是“差频”，本机振荡信号的频率始终比接收到的外来信号频率高出465kHz，这就是“超外差”得名的原因。

③ 中频放大电路　中频放大电路又叫中频放大器，其作用是将变频级送来的中频信号进行放大，一般采用变压器耦合的多级放大器。中频放大器是超外差式收音机的重要组成部分，直接影响着收音机的主要性能指标。

中频放大器应有较高的增益、良好的通频带，以保证整机有良好的灵敏度、选择性和频率响应特性。

④ 检波电路　检波的作用是从中频调幅信号中取出音频信号，常利用二极管来实现。由于二极管的单向导电性，中频调幅信号通过检波二极管后将得到包含有多种频率成分的脉动电压，然后经过滤波电路滤除不要的成分，取出音频信号和直流分量。

⑤ 自动增益控制电路　检波出来的音频信号通过音量控制电位器送往音频放大器，其直流分量与信号的强弱成正比，可将其反馈至中放级实现自动增益控制（简称AGC）。

收音机中设计AGC电路的目的是：接收弱信号时，使收音机的中放电路增益增高，而接收强信号时自动使其增益降低，从而使检波前的放大增益随输入信号的强弱变化而自动增减，以保持输出的相对稳定。

⑥ 前置低放电路　前置低放电路又叫做低频放大电路，低频放大电路应有足够的增益和频带宽度，同时要求其非线性失真和噪声都要小。

⑦ 功放电路　功率放大器是用来对音频信号进行功率放大，用以推动扬声器还原声音，要求它的输出功率大，频率响应宽，效率高，而且非线性失真小。

收音机一般采用甲乙类推挽功率放大器，按照放大器与负载的耦合方式不同，具体来说有变压器耦合、电容耦合（OTL）、直接耦合（OCL）等几种形式的功率放大器。

由于采用集成电路作为功率放大器具有体积小、功耗小、可靠性高、稳定性好、检修调试方便等优点，所以应用广泛。

(3) 超外差式收音机的技术指标

超外差式收音机的主要技术指标如下。

① 频率范围　频率范围是指收音机所能接收到的电台广播信号的频率范围。我国广播的频率范围规定为：中波是530～1606kHz；调频是88～108MHz；短波是2.3～26.1MHz。

中频频率是超外差式收音机的一项特有指标，我国规定调幅收音机的中频频率为465kHz，并允许最大有±5kHz的偏差，偏差超标会引起灵敏度下降、选择性变差和自激等现象。调频收音机的中频频率是10.7MHz。

② 灵敏度　灵敏度是指收音机接收微弱电台信号的能力。在输出信噪比为26dB时，当收音机输出端的输出为标准功率时，输入端必须输入的最小信号的电平值，称为灵敏度。

在同等条件下，灵敏度越高，表示该收音机接收微弱信号的能力越强，收到的电台数也越多。

灵敏度的表示方式有两种：对使用磁性天线的收音机，用输入的电场强度表示，单位是mV/m（毫伏/米）；对使用拉杆天线的收音机，用天线需要输入的高频信号电压值表示，单位是微伏。这个数值越小，表示该机的灵敏度越高。

比如有两台磁性天线收音机，甲机的灵敏度是5mV/m，乙机的灵敏度是3mV/m，则

乙机的灵敏度比甲机高。

③ 选择性　选择性是衡量收音机选台能力的一项指标，它反映收音机从众多不同频率的电台中选出要收听信号的能力。

选择性好的收音机能从两个频率十分接近的电台中，选出其中一个电台而抑制另一个电台，若能同时听到这两个电台的信号，则为串音，表明该机的选择性较差。

选择性的好坏常用分贝数的大小来表示。分贝数越大，表明该机的选择性越好。我国标准规定 A 类收音机的选择性应不小于 30dB，B 类收音机的选择性应不小于 16dB，C 类收音机的选择性要在 10dB 以上。

④ 输出功率　输出功率是指收音机输出音频信号的强度，通常以 mW 和 W 为单位。输出功率分为最大输出功率、最大不失真输出功率和额定输出功率三种。

最大输出功率是指在不考虑失真的情况下，能输出的最大功率。最大不失真输出功率又称最大有用功率，是指在非线性谐波失真小于 10%（即规定的失真度）时的输出功率。额定输出功率又称标称功率，是指收音机最低应该达到的不失真输出功率。

比如有两台收音机，甲机的额定输出功率是 50mW，乙机的额定输出功率是 150mW，显然乙机的最大声音响度要比甲机高许多。

⑤ 频率响应特性　收音机的频率响应特性简称频响，它是指收音机对不同音频频率的增益特性，频响范围越宽，收音机的音质越好。

一般调幅收音机的频响范围不应窄于 300～3000Hz。高级功率放大器的频响范围是 20～20000Hz。

它的技术指标还有扬声器尺寸和阻抗、使用的电源电压、收音机的机箱尺寸和重量等。

(4) 超外差式收音机的检测

① 通电前的检测　对安装好的收音机先进行自检，检查内容包括元件焊接质量是否达到要求，特别注意检查各电阻的阻值是否与图纸所示位置相同，各三极管和二极管是否有极性焊错的情况。

收音机在接入电源前，必须检查电源有无输出电压（3V）和引出线的正负极是否正确。

② 通电后的检测　将收音机接入电源，要注意电源的正、负极性，将频率盘拨到 530kHz 附近的无台区，在收音机开关不打开的情况下，首先用万用表的电流挡跨接在开关的两端，可以测量整机静态工作的总电流“I_o”。然后将收音机开关打开，用万用表的电压挡分别测量三极管 VT1～VT6 的 E、B、C 三个电极对地的电压值（即静态工作点），将测量结果记录下来。

注意：该项检测工作非常重要，在收音机开始正式调试前，该项工作必须要做。表 8.1 给出了各个三极管的三个极对地电压的参考值。

表 8.1　各三极管的三个极对地电压的参考值

工作电压：E_c=3V				整机工作电流：I_0=12mA		
三极管	VT1	VT2	VT3	VT4	VT5	VT6
e	1V	0V	0.056V	0V	0V	0V
b	1.54V	0.63V	0.63V	0.65V	0.62V	0.62V
c	2.4V	2.4V	1.65V	1.85V	2.8V	2.8V

(5) 超外差式收音机的调整

① 试听　如果元器件质量完好，安装也正确，初测结果正常，即可进行试听。将收音机接通电源，慢慢转动调谐盘，应能听到广播声，否则应重复前面做过的各项检查，找出故障并改正，注意在此过程不要调中周及微调电容。

如图 8.12 所示，是按照图 8.10 电路制作的收音机的电路板实物。

图 8.12　超外差式收音机电路板实物

② 超外差式收音机的调试内容和方法　收音机的调试是收音机生产过程中的一个重要内容，在调试前必须确保收音机有沙沙的电流声（或电台），若听不到电流声或电台，应先检查电路的焊接有无错误、元件有无损坏、静态工作点是否正常，直到能听到声音，才可进行以下的调试步骤。

超外差式收音机的调试有三项内容：调中频、调覆盖和统调。

a. 调中频。中放电路是决定收音机灵敏度和选择性的关键所在，它的性能优劣决定了整机性能的好坏。调整收音机的中频变压器，使之谐振在 465kHz 频率，这就是调中频的任务。

用调幅高频信号发生器进行调整的方法如下。

将音量电位器置于音量最大位置，将收音机调谐到无电台广播又无其他干扰的地方（或者将可调电容调到最大，即接收低频端），必要时可将振荡线圈初级或次级短路，使之停振。

使高频信号发生器的输出载波频率为 465kHz，载波的输出电平为 99dB，调制信号的频率为 1000Hz，调制度为 30%，该调幅信号由磁性天线接收作为调整的输入信号。

超外差式收音机用无感螺丝刀微微旋转第一个中周的磁帽（白颜色），使示波器显示的波形幅度最大，若波形出现平顶，应减小信号发生器的输出，同时再细调一次。再用无感螺丝刀微微旋转第二个中周（绿颜色）的磁帽，使示波器显示的波形幅度最大。在调整中频变压器时，也可以用喇叭监听，当喇叭里能听到 1000Hz 的音频信号，且声音最大，音色纯正，此时可认为中频变压器调整到最佳状态。

b. 调覆盖。按照国标规定，收音机中波段的接收频率范围为 525～1605kHz，实际在调

整时要留有一定的余量，一般为515～1625kHz。对515kHz的调整叫作低端频率调整，对1625kHz的调整叫作高端频率调整。

低端频率调整：将可变电容器（调谐双联）旋到容量最大处，即机壳指针对准频率刻度的最低频端，将收音机调谐到无电台广播又无其他干扰的地方。

使高频信号发生器的输出频率为515kHz，载波的输出电平为99dB，调制信号的频率为1000Hz，调制度为30%，高频调幅信号由收音机的磁性天线接收，作为调整的输入信号。

用无感螺丝刀调整中波振荡线圈的磁芯（黑色中周），使示波器出现1000Hz波形，并使波形最大。或直接监听收音机的声音，使收音机发出的声音最响最清晰。

高端频率调整：将可变电容器置容量最小处，这时机壳指针应对准频率刻度的最高频端。使高频信号发生器的输出频率为1625kHz，载波的输出电平为99dB，调制信号的频率为1000Hz，调制度为30%，高频调幅信号由收音机的磁性天线接收，作为调整的输入信号。

用无感螺丝刀调节并联在振荡线圈上的C_{1b}补偿电容器，如图8.13所示，使示波器的波形最大（或喇叭声音最响）。

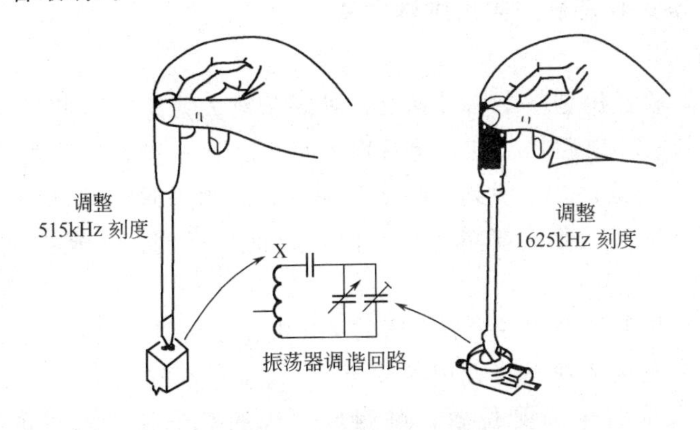

图8.13 调整频率接收范围

这样收音机的频率覆盖就达到515～1625kHz的要求了，但因为高低频端的谐振频率的调整相互牵制，所以必须反复调节多次，直到整机的接收频率范围符合要求为止。

c. 统调。统调又称为调整灵敏度。输入回路与外来信号的频率是否谐振，决定了超外差收音机的灵敏度和选择性（即选台功能），因此，调整输入回路使它与外来信号频率谐振，可以使收音机的灵敏度和选择性提高。调整时，低频端要调整输入回路线圈在磁棒上的位置，高频端要调整输入回路的微调电容，可以用口诀来记忆：低短调电感，高端调电容。

我国规定中波段的统调点为630kHz、1000kHz和1400kHz。

先统调低频率630kHz端。将高频信号发生器的输出频率为630kHz，电平为99dB，调制信号的频率为1000Hz，调制度为30%，该高频调幅信号作为调整的输入信号由收音机的磁性天线接收。将接收机调谐到刻度指示为630kHz频率上，然后调整磁性天线线圈在磁棒上的位置，如图8.14所示，使整机输出波形幅度最大（或听到的收音机的声音最响最清晰）。

接着统调高频端频率点，由调幅高频信号发生1400kHz的信号，将接收机调谐到刻度指示为1400kHz的频率上，然后用无感螺丝刀调节磁性天线回路的C_{1a}补偿电容，如图8.14

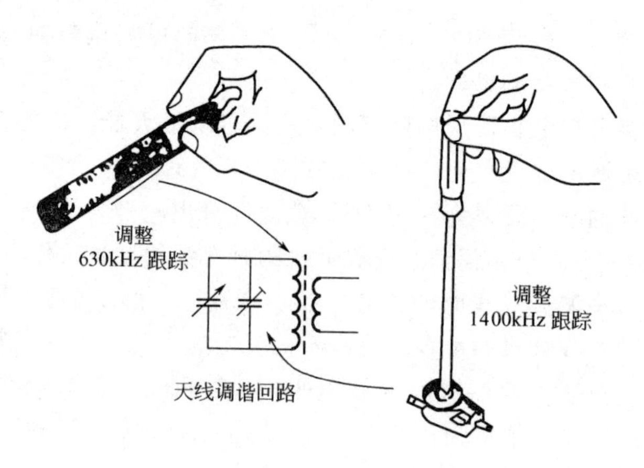

图 8.14 收音机的统调

所示，使整机输出波形最大（或听到的收音机的声音最响最清晰）。

至此，收音机的调试工作结束。

(6) 六管超外差式收音机的实用维修方法

① 维修基本方法

a. 信号注入法。收音机是一个信号捕捉、处理、放大系统，通过注入信号可以判定故障位置。用万用表 R×10 电阻挡，红表笔接电池负极（地）黑表笔触碰放大器输入端（一般为三极管基极），此时扬声器可听到“咯咯”声。然后用手握螺丝刀金属部分去碰放大器输入端，从扬声器听反应，此法简单易行，但相应信号微弱，不经三极管放大则听不到声音。

b. 电位测量法。用万用表测各级放大管的工作电压，可具体判定造成故障的元器件。

c. 测量整机静态总电流法。将万用表拨至 250mA 直流电流挡，两表笔跨接于电源开关的两端，此时开关应置于断开位置，可测量整机的总电流。本机的正常总电流约为(10±2)mA。

② 故障位置的判断方法　判断故障在低放之前还是低放之中（包括功放）的方法如下。

a. 接通电源开关，将音量电位器开至最大，喇叭中没有任何响声，可以判定低放部分肯定有故障。

b. 判断低放之前的电路工作是否正常，方法如下：将音量减小，万用表拨至直流电压挡。挡位选择 0.5V，两表笔并接在音量电位器非中心端的两端上，一边从低端到高端拨动调谐盘，一边观看电表指针，若发现指针摆动，且在正常播出时指针摆动次数在数十次左右。即可断定低放之前电路工作是正常的。若无摆动，则说明低放之前的电路中也有故障，这时仍应先解决低放中的问题，然后再解决低放之前电路中的问题。

③ 完全无声故障的检修方法　将音量电位器开至最大，用万用表直流电压 10V 挡，黑表笔接地，红表笔分别碰触电位的中心端和非接地端（相当于输入干扰信号），可能出现三种情况。

a. 碰触电位器的非接地端喇叭中无“咯咯”声，碰中心端时喇叭有声。这是由于电位器内部接触不良，可更换或修理排除故障。

b. 碰非接地端和中心端均无声，这时用万用表 R×10 挡，两表笔并接碰触喇叭引线，

触碰时喇叭若有“咯咯”声，说明喇叭完好。然后将万用表拨至电阻挡，点触输出变压器T6次级的两端，喇叭中如无“咯咯”声，说明耳机插孔接触不良，或者喇叭的导线已断；若有“咯咯”声，则把表笔接到T6初级绕组线圈两端，这时若无“咯咯”声，就是T6的初级有断线。将T6初级中心抽头处断开，测量集电极电流，若电流正常。说明VT5和VT6工作正常，输入变压器T5的次级无断线。若电流为0，则可能是R7断路或阻值变大；VT7短路；T5次级断线；VT5和VT6损坏（两管同时损坏的情况较少）。若电流比正常情况大，则可能是R7阻值变小，VD7损坏；T5初、次级有短路；C9或C10有漏电或短路。

c. 测量VT4的直流工作状态，若无集电极电压，则说明T5的初级断线；若无基极电压，则是R5开路；C8和C11同时短路较少，C8短路而电位器刚好处于最小音量处时，会造成基极对地短路。若红表笔触碰电位器中心端无声，碰触VT4基极有声，说明C8开路或失效。用干扰法触碰电位器的中心端和非接地端，喇叭中均有声，则说明低放工作正常。

④ 无台故障的检修　无台故障是指将音量开大，喇叭中有轻微的“沙沙”声，但调谐时收不到电台。

a. 测量VT3的集电极电压；若无，则R4开或C6短路；若电压不正常，检查T4是否良好。测量VT3的基极电压，若无，则可能R3开路（这时V2基极也无电压），或T4次级断线，或C4短路。注意，此时工作在近似截止的工作状态，所以它的发射极电压很小，集电极电流也很小。

b. 测量VT2的集电极电压。无电压，是T4初级断线；电压正常而干扰信号的注入在喇叭中不能引起声音，是T4初级线圈或次级线圈有短路，或槽路电容（200P）短路。

c. 测量VT2的基极电压：无电压，系T3次级断线或脱焊。电压正常，但干扰信号的注入不能在喇叭中引起响声，是V2损坏。电压正常，喇叭有声。

d. 测量VT1的集电极电压。无电压，是T2次经线圈，初级线圈有断线。电压正常，喇叭中无“咯咯”声，为T3初级线圈或次线圈有短路，或槽路电容短路。如果中周内部线圈有短路故障时，由于其匝数较少，所以较难测出，可采用替代法加以证实。

e. 测量VT1的基极电压。无电压，可能是R1或T1次级开路；或C2短路。电压高于正常值，系VT1发射结开路。电压正常，但无声，是VT1损坏。

到此时如果仍收听不到电台，可进行下面的检查。

将万用表拨至直流电压10V挡，两表笔分别接于R2的两端。用镊子将T2的初级短一下，看表针指示是否减少（一般减少0.2～0.3V）。若电压不减小，说明本机振荡没有起振，振荡耦合电容C3失效或开路。C2短路（VT1射极无电压）。T2初级线圈内部断路或短路。双连质量不好。电压减小很少，说明本机振荡太弱，或T2受潮，印刷板受潮，或双连漏电，或微调电容不好，或VT1质量不好，用此法同时可检测VT1的偏流是否合适。

若电压减小正常，可断定故障在输入回路。检查双连对地有无短路，电容质量如何，磁棒线圈T1初级有否断线。到此时收音机应能收听到电台播音，可以进行整机调试。

技能与技巧

没有专用仪器时调试收音机的技巧

在没有专用仪器的情况下，对于初学者，一般不要轻易调整收音机的线圈、中周（中频变压器）以及可变电容和电位器等。当然，这不是说绝对不能碰，而是有一定方法和技巧。

① 进行静态调试可利用万用表的电压挡。可利用万用表测量各放大管的be结电压来进行判断，正常电压硅管约为0.7V，该电压过低或反偏，则该管处于截止状态。也可通过测量集电极电压进行判别，该电压过高或等于电源电压，可能是该管开路；若该电压过低，则可能是该管处于饱和。

② 在进行动态调试前应记住被调整件的原始位置，最好做标记，避免调乱。

③ 调整旋具应使用无感旋具（不锈钢、塑料等材料），其尺寸大小应适当。调整时不能用力过大，应适当轻柔地旋转，以防磁芯破碎。

④ 调试无改善时要及时归位。当用无感旋具顺时针调整磁芯一定角度仍不能改善接收效果时（听声音的大小和音质），应及时退回到起始位置，然后再试着逆时针调整磁芯。如此，反复调整对比效果，使之达到最佳。若反调也不能改善接收效果，就应及时调回到起始位置，因为问题也许不是出在本级。如果不及时退回到磁芯的起始位置，将会越调越乱。

8.4.2 数字万用表的装配与调试

DT830B型数字万用表是一款便携式3位半数字万用表，是最常用的数字式检测仪表。

(1) DT830B数字万用表的特点

① 技术成熟　DT830B数字万用表的主电路，采用典型的数字表集成电路ICL7106，这个芯片在很多电路中得到应用，性能稳定可靠。

② 性价比高　由于DT830B数字万用表的制作技术成熟、应用广泛，达到的规模效益使产品的价格低到凡需要者皆可拥有。DT830B数字万用表还具有精度高、输入电阻大、读数直观、功能齐全、体积小巧等优点。

③ 结构合理　DT830B数字万用表采用单板结构，集成电路ICL7106采用COB封装，只要具有一般的电子装配技术即可以成功组装。

(2) DT830B数字万用表的工作原理

DT830B数字万用表的电路原理图如图8.15所示。集成电路ICL7106的详细技术资料可查阅有关资料。有关3位半数字万用表的工作原理，请参见童诗白教授所编《模拟电子技术基础》（第二版）（高等教育出版社，P716～P737。）

(3) DT830B数字万用表的装配

DT830B数字万用表由机壳塑料件（包括上下盖、旋钮）、印制板部件（包括插口）、液晶屏及表笔等部分组成，组装能否成功的关键是装配印制板部件，整机装配流程如图8.16所示。

① 印制板上元件的装配　DT830B数字万用表的印制板是一块双面板，板的A面是焊接面，中间圆形的印制铜导线是万用表的功能和量程转换开关电路，如果铜导线被划伤或有污迹，则对整机的电气性能会有很大影响，必须小心加以保护。装配步骤如下。

a. 装配电阻、电容和二极管。装配电阻、电容、二极管时，如果装配孔距＞8mm（例如R8、R9、R＊、R21等，在丝印图上画有“—”标志或电阻符号），可进行卧式装配，如果孔距＜5mm，则应进行立式装配（板上的其他电阻，在丝印图上画有“○”符号）。一般

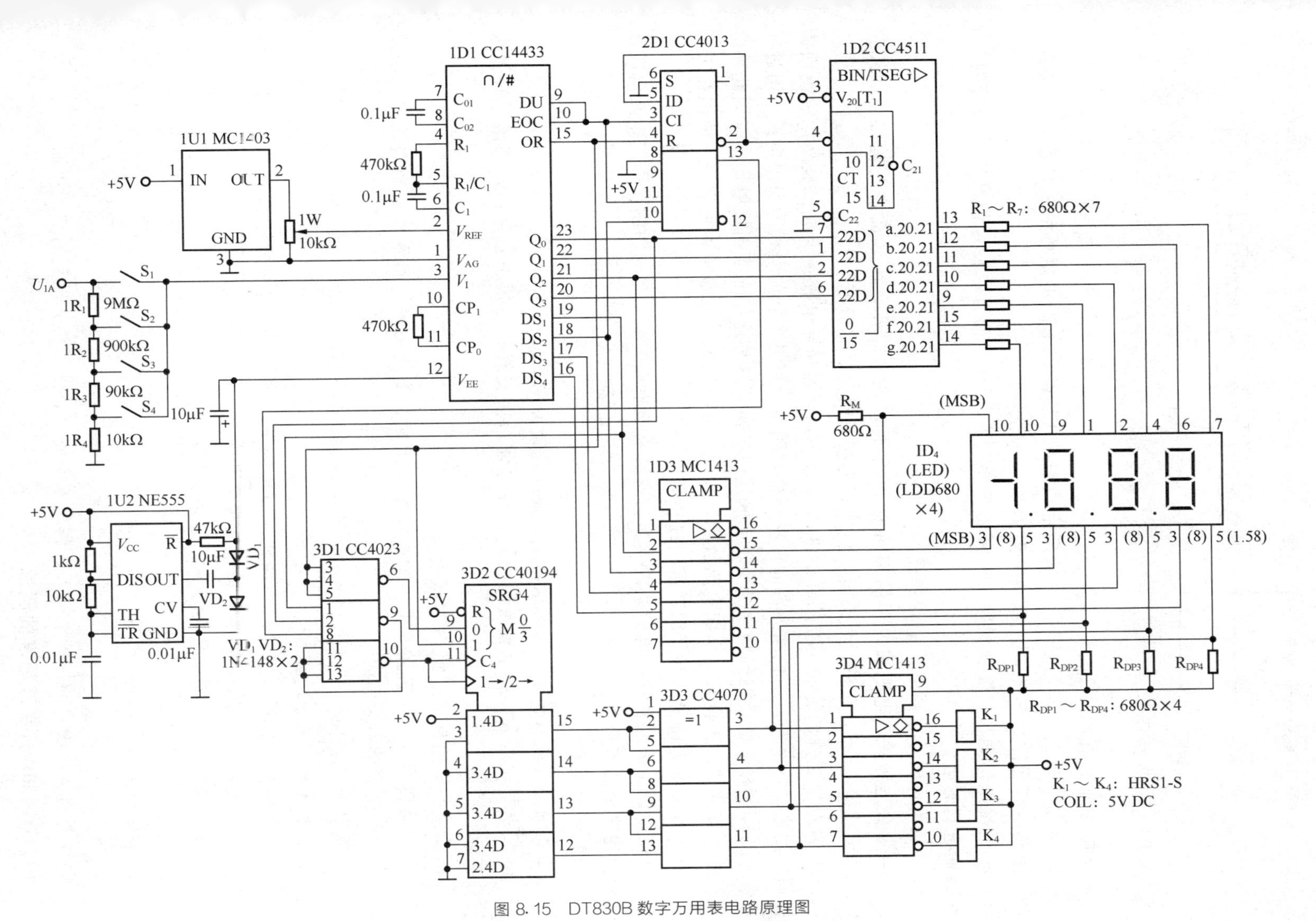

图 8.15 DT830B 数字万用表电路原理图

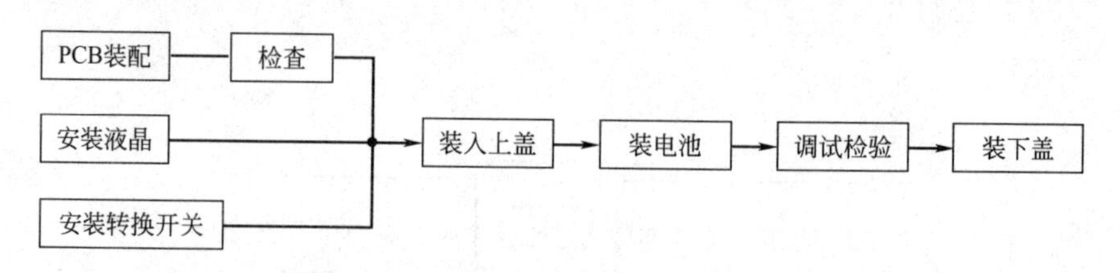

图 8.16 DT830B 数字万用表的装配流程图

的片状电容亦采用立式装配。

b. 元件在板上的装配方法。一般额定功率在 1/4W 以下的电阻可贴板装配，立式装配的电阻和电容元件与 PCB 板的距离一般为 0～3mm。

c. 装配电位器和三极管插座。三极管插座装在 A 面，而且应使定位凸点与外壳对准，在 B 面进行焊接。

d. 装配保险座、插座、R_0 和弹簧。

e. 装配电池线。电池线由板的 B 面穿到 A 面再插入焊孔，在 B 面进行焊接。红线接“+”，黑线接“—”。在进行焊接时，应注意焊接时间要足够但不能太长。

② 液晶屏组件的装配　液晶屏组件由液晶片、支架和导电胶条组成。液晶片的镜面为正面，用来显示字符，白色面为背面，在两个透明条上可见条状的引线为引出电极，通过导电胶条与印制板上镀金的印制导线实现电气连接。由于这种连接靠表面接触导电，因此导电面若被污染或接触不良都会引起电路故障，表现为显示缺笔画或显示为乱字符，所以在进行装配时，务必要保持清洁并仔细对准引线位置。

支架是固定液晶片和导电胶条的支撑，通过支架上面的 5 个爪与印制板固定，并由四角及中间的 3 个凸点定位。

装配步骤如下：

a. 将液晶片放入支架，支架爪向上，液晶片镜面向下。

b. 安放导电胶条。导电胶条的中间是导电体，在安放时必须小心保护，用镊子轻轻夹持并准确放置。

c. 将液晶屏组件装配到 PCB 板上。

③ 组装转换开关　转换开关由塑壳和簧片组成，要使用镊子将簧片装到塑壳内，注意两个簧片的位置是不对称的。

④ 组装其他元件

a. 装配转换开关、前盖。

b. 用左手按住转换开关，双手翻转使面板向下，将装好的印制板组件对准前盖位置装入机壳，注意要对准螺孔和转换开关轴的定位孔。

c. 装配两个螺钉，固定转换开关，务必要拧紧。

d. 装配保险管（0.2A）。

e. 装配电池。

f. 贴屏蔽膜。

要注意将屏蔽膜上的保护纸揭去，露出不干胶面，然后将其贴到后盖的里面。

(4) DT830B 数字万用表的调试

数字万用表的功能和性能指标由集成电路的指标和合理选择外围元器件决定，只要装配

无误，仅做简单调整即可达到设计指标。

调整方法一：

在装后盖前将转换开关置于200mV电压挡，注意此时固定转换开关的4个螺钉还有2个未装，转动开关时应按住保险管座附近的印制板，防止在开关转动时将滚珠滑出。

将表笔插入面板上的孔内，测量集成电路第35引脚和第36引脚之间的基准电压（具体操作时可将表笔接到电阻R16和R26引线上测量），调节表内的电位器VR1，使表显示为100mV即可。

调整方法二：

在装万用表的后盖前，将转换开关置于2V电压挡（注意防止开关转动时将滚珠滑出），此时，用待调整表和另一个数字表（已校准后的或4位半以上的数字表）测量同一个电压值（例如测量一节电池的电压），仔细调节表内的电位器VR1，使两块表显示的数字一致即可。

(5) 总装

盖上万用表的后盖，装配好后盖上的两个螺钉，至此装配全部完毕。

第9章 电子产品的检验与包装

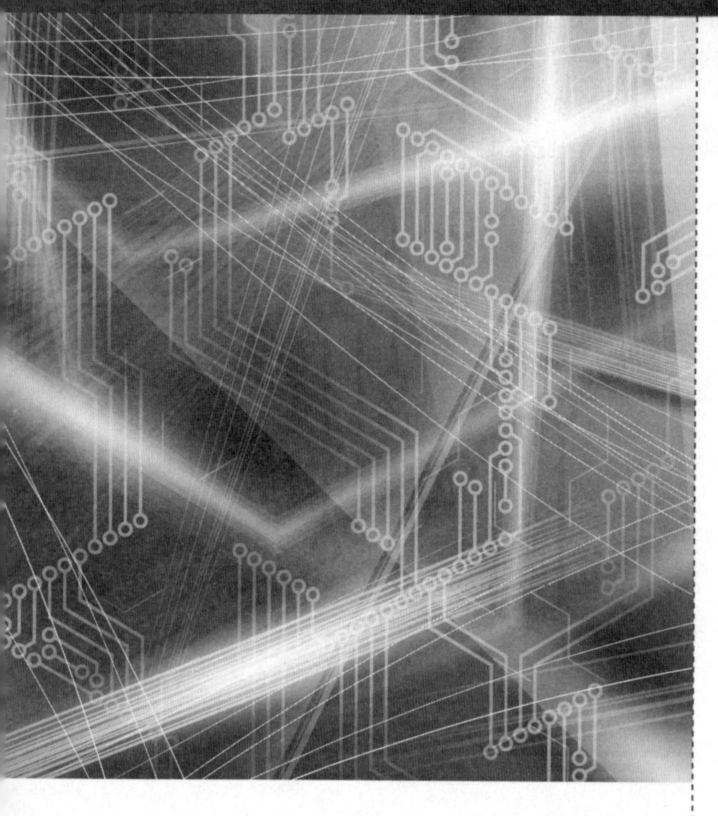

电子产品在装配调试完成后，还有最后两道工序才能作为成品出厂，这就是检验和包装。

9.1 电子产品的检验

9.1.1 电子产品检验的目的和方法

(1) 电子产品检验的目的

电子产品的检验与电路的调试有着本质的区别。

电子产品的检验是使用一定的技术手段，按照技术要求规定的内容对产品进行观察、测量和试验，测定出电子产品的质量特性，与国标、部标、行业标准或者是买卖双方制定的技术协议等公认的质量标准进行比较，做出该电子产品是否合格的判定。

在市场竞争日益激烈的今天，电子产品的质量是企业的生命和灵魂，检验是把好电子产品质量关的重要手段，它贯穿于电子产品的整个生产过程中。

电子产品的检验有自检、互检和专职检验三级检验制度，这里的检验指的是电子产品的专职检验。

(2) 电子产品检验的方法

电子产品的检验方法分为全数检验和抽样检验。

① 电子产品的全数检验　电子产品的全数检验又叫做全检，是对产品进行百分百的逐个检验。电子产品经过全检后质量的可靠性最高，但要消耗大量的人力、物力，会造成生产成本的增加。因此，除了对可靠性要求特别高的产品如军工产品、航天产品、试制品以及在生产条件、生产工艺改变后生产的部分产品才进行全检外，一般的电子产品都进行抽样检验。

② 电子产品的抽样检验　电子产品的抽样检验（简称抽检）是根据统计方法所预先制定的方案，从待检验产品中抽取部分样品进行检验，根据这部分样品的检验结果，按抽样方案确定的判断原则，判定整批产品的质量水平，从而得出该产品是否合格的结论。

在电子产品批量生产的过程中，不可能也没有必要对生产出的产品都采用全数检验，所以抽样检验是目前在生产中广泛采用的一种检验方法。抽样检验应在产品成熟、定型、工艺规范、设备稳定、工装可靠的前提下进行，抽样方案应按照国家标准 GB2828《逐批检查计数抽样程序及抽样表》和 GB2829《周期检查计数抽样程序及抽样表》制定。

9.1.2 电子产品的检验项目

电子产品的检验项目是按照实际电子产品的具体要求确定的，但有一些检验项目是具有普遍意义的。

(1) 电子产品的普遍检验项目

① 性能检验　性能检验是指电子产品满足使用目的所应具备的技术特性，包括电子产品的使用性能、机械性能、理化性能、外观要求等。

② 可靠性检验　可靠性检验是指电子产品在规定的时间内和在规定的条件下完成工作

任务的性能，包括电子产品的平均寿命、失效率、平均维修时间间隔等。

③ 安全性检验　安全性检验是指电子产品在操作、使用过程中保证人身安全的程度。

④ 适应性检验　适应性检验是指电子产品对自然环境条件表现出来的适应能力，如对温度、湿度、酸碱度等指标的反应程度。

⑤ 经济性检验　经济性检验是指电子产品的生产成本、经营成本和维持工厂正常工作的消耗费用等是否满足要求。

⑥ 时间性检验　时间性检验是指电子产品进入市场的适时性和售后能否及时提供技术支持和维修服务等。

(2) 电子产品的检验时间

① 入库前的检验　入库前的检验是保证电子产品质量可靠性的重要前提。电子产品生产所需的原材料、元器件等，在新购、包装、存放、运输过程中可能会出现变质和损坏或者本身就是不合格品，因此，这些物品在入库前都应按照电子产品的技术条件、协议等进行外观检验和质量检验，检验合格后方可入库。对判为不合格的物品则不能使用，并要进行隔离，以免产生混料现象。

另外，有些电子元器件比如晶体管、集成电路以及部分阻容元件等，在装配前还要进行老化筛选工作。

② 生产过程中的检验　生产过程中的检验指对生产过程中的各道工序进行检验，采用操作人员自检、生产班组互检和专职人员检验相结合的方式进行。

自检就是操作人员根据本工序工艺卡的要求，对自己所组装的元器件、零部件的装接质量进行检查，对不合格的部件及时进行调整和更换，避免流入下道工序。

互检就是下道工序对上道工序的检验。操作人员在进行本工序操作前，检查前道工序的装调质量是否符合要求，对有质量问题的部件要及时反馈给前道工序，不能在不合格部件上进行本工序的操作。

专职检验一般在部件装配、整机装配与调试都完成以后的工序进行。检验时要根据检验标准，对部件、整机生产过程中各装调工序的质量进行综合检查。检验标准一般以文字或者图纸形式表达，对一些不方便使用文字、图纸表达的缺陷，应使用实物建立标准样品作为检验依据。

③ 整机检验　整机检验是电子产品经过总装、调试合格之后，检查电子产品是否达到预定功能的要求和技术指标。整机检验主要包括直观检验、功能检验和主要性能指标测试等内容。

直观检验的内容有：电子产品整体是否整洁；板面、机壳表面的涂覆层及装饰件、标志、铭牌等是否齐全，有无损伤；电子产品的各种连接装置是否完好；各金属件有无锈斑；结构件有无变形和断裂；表面丝印字迹是否完整、清晰；指针式表头的量程是否符合要求；机械转动机构是否灵活；控制开关是否到位等。

功能检验是对电子产品设计所要求的各项功能进行检查。不同的电子产品有不同的检验内容和要求，例如对液晶电视机应检验的项目有：节目选择、图像质量、亮度、颜色和伴音等功能。

主要性能指标的测试是指使用符合规定精度的仪器和设备，对电子产品的技术指标进行测量，判断电子产品是否达到国家标准或行业标准。现行国家标准规定了各种电子产品的基

本参数及测量方法，检验中一般只对其主要性能指标进行测试。

(3) 电子产品的样品试验

电子产品的样品试验是为了全面了解电子产品的特殊性能，是对定型电子产品或长期生产的电子产品所进行的例行验证。为了能如实反映电子产品的质量，试验的电子产品样机应在检验合格的整机中随机抽取。

(4) 电子产品的环境试验

环境试验是评价、分析环境对电子产品性能影响的试验，是在模拟电子产品可能遇到的各种环境条件下进行的。环境试验是一种检验产品适应环境能力的方法。

环境试验的项目是从实际环境中抽象和概括出来的。因此环境试验可以是模拟一种环境因素的单一试验，也可以是同时模拟多种环境因素的综合试验。

环境试验包括机械试验、气候试验、运输试验和特殊试验。

① 机械试验　电子产品在运输和使用的过程中，会不同程度地受到振动、冲击、离心加速以及碰撞、摇摆、静力负荷、爆炸等机械力的作用，这种机械力有可能使电子产品内部元器件的电气参数发生变化甚至损坏。

a. 振动试验。振动试验用来检查电子产品经受振动的稳定性。试验方法是将样品固定在振动台上，经过模拟固定频率为50Hz、变频频率为5～2000Hz等各种振动环境进行试验，以检查电子产品在规定的振动频率范围内，有无共振点和在一定加速度下能否正常工作、有无机械损伤、元器件脱落、紧固件松动等现象。

b. 冲击试验。冲击试验用来检查产品经受非重复性机械冲击的适应性。试验方法是将样品固定在试验台上，用一定的加速度和频率，分别在电子产品的不同方向冲击若干次，经过冲击试验后，再检查其主要的技术指标是否符合要求，有无机械损伤。

c. 离心加速度试验。离心加速度试验主要用来检查电子产品结构的完整性和可靠性。离心加速度是在运载工具突然加速或变更方向时产生的。离心力的方向与有触点的元器件(如继电器、开关)的触点脱开方向一致。当离心力大于触点的接触压力时，会造成元器件断路，导致产品失效。

② 气候试验　气候试验是用来检查电子产品在设计、工艺、结构上对气候的反应程度的一种试验，可以检查原材料、元器件和整机参数对气候变化的反应。气候试验可以找出电子产品对气候变化产生的问题和原因，以便采取防护措施，达到提高电子产品可靠性和对恶劣环境适应性的目的。

a. 高温试验。高温试验用以考察高温环境对电子产品的影响，确定电子产品在高温条件下工作和储存的适应性。试验在高温箱（室）中进行，箱（室）内空气中的水蒸气不应超过$20g/m^3$（相当于在温度为35℃时，相对湿度为50%）。高温试验有两种：一种是高温性能试验，即整机在某一固定的温度下，通电工作24h后是否能正常工作；另一种是电子产品在高温储存情况下进行的试验，即整机在某一温度中放置若干个小时，并在室温下恢复一定时间后，再检查产品的主要测试指标是否符合要求，有无机械损伤和塑料件变形等现象。

b. 低温试验。低温试验用以检查低温环境对电子产品的影响，确定电子产品在低温条件下工作和储存的适应性。低温试验一般在低温箱中进行，并在一定温度下工作若干个小时，然后测量电子产品的工作特性，检查电子产品能否正常工作，另一种试验是电子产品在储存情况下进行的试验，即将产品在不通电的情况下，置入某一固定温度的低温箱中，若干小时后取出，并在室温下恢复一段时间后通电，检查其主要测试指标是否符合要求，有无机械损伤、金属锈蚀和漆层剥落现象等。

c. 温度循环试验。温度循环试验用以检查产品在较短的时间内，抵制温度剧烈变化的承受能力，看其是否因热胀冷缩引起材料裂开、接插件接触不良、产品功能失效等现象。温度循环试验通常在高、低温箱中进行，在高、低温箱中交替存放一定时间。温度变换时间的长短和循环次数，应按电子产品的《试验大纲》要求确定。

d. 潮湿试验。潮湿试验用以检查湿热对电子产品的影响，确定电子产品在湿热条件下工作和储存的适应性。试验在潮湿箱中进行，通常温度为（40±2)℃，相对湿度为95%±3%，试验时间按技术条件要求确定。例如，先将产品在上述潮湿环境中放置若干个小时，然后在常温下放置，擦去水滴，在15min内测量其绝缘电阻的数值，其值应不低于某一固定值（2MΩ）。将产品放置24h后再通电检查，其主要测试指标应符合要求，不应出现金属锈蚀和塑料件变形等现象。

e. 低气压试验。低气压试验用于检查低气压对电子产品性能的影响，低气压试验是将产品放入具有密封性能的低温、低压箱中，以模拟高空气候环境，再用机械抽气泵将容器内的气压降低到规定值，然后测量电子产品的参数是否符合技术要求。

③ 运输试验　运输试验是检查电子产品对包装、储存、运输环境条件的适应能力，运输试验可以在运输试验台上进行，也可直接做行车试验。目前工厂做运输试验时，一般是将已包装好的电子产品，按要求放置到卡车的后部，卡车负荷根据电子产品的《试验大纲》确定。卡车以一定的速度在三级公路（相当于乡间土路）上行驶若干公里后，打开包装箱，检查电子产品有无机械损伤，检查紧固件无松脱现象，然后再测试产品的主要技术指标是否符合整机技术条件。

④ 特殊试验　特殊试验是检查电子产品适应特殊工作环境的能力，特殊试验包括烟雾试验、防尘试验、抗霉菌试验和抗辐射试验等。特殊试验不是所有电子产品都要做的试验，而只对一些在特殊环境条件下使用的产品或按用户的特殊要求而进行的试验。

（5）寿命试验

寿命试验是用来考察电子产品寿命规律性的试验，它是电子产品在最后阶段的试验。寿命试验是在试验条件下，模拟产品实际工作状态和储存状态，投入一定数量的样品进行试验。在试验中要记录样品失效的时间，并对这些失效时间进行统计分析，以评估电子产品的可靠性、失效性、平均寿命等指标。

寿命试验分为工作寿命试验和储存寿命试验两种。因储存寿命试验的时间长，故一般采取做工作寿命试验（又叫功率老化试验）。工作寿命试验是在给产品加上规定工作电压条件下进行的试验，试验过程中应按技术条件规定，间隔一定的时间进行参数测试。

电子产品要进行试验的项目很多，应根据电子产品的用途和使用条件来确定。只有对可靠性要求特别高，且需要在恶劣环境条件下工作的电子产品，才有必要对上述试验都做。

在实际工作中，对于一种具体的电子产品应做多少项试验，做哪些项目的试验，应根据电子产品的《试验大纲》和供需双方共同制定的协议来确定。

9.2 电子产品的包装

包装是对部件或成品为方便运输、储存和装卸而进行的打包。包装一方面起保护物品的作用，另一方面起介绍电子产品、宣传企业的作用。对于进入流通领域中的电子产品来说，包装是必不可少的一道工序。

9.2.1 电子产品的包装要求

(1) 对电子产品本身的要求

电子产品在进行包装前，应按照有关规定进行外表面处理，如消除污垢、油脂、指纹、汗渍等。在包装过程中应保证机壳、荧光屏、旋钮、装饰件等部分不被损伤或污染。

(2) 电子产品的防护要求

① 电子产品经过合适的包装应能承受合理的堆压和撞击。

② 对电子产品要合理压缩包装体积。

③ 电子产品的包装要有防尘功能。

④ 电子产品的包装要有防湿功能。

⑤ 电子产品的包装要具备缓冲功能。

(3) 电子产品的装箱要求

① 电子产品在装箱时，应先清除包装箱内的异物和尘土。

② 装入包装箱内的电子产品不得倒置。

③ 装入箱内的电子产品，其附件和衬垫以及使用说明书、装箱明细表、装箱单等内装物必须齐全。

④ 装入箱内的电子产品、附件和衬垫不得在箱内任意移动。

9.2.2 电子产品的包装材料

电子产品在包装时应根据产品的特点选择合适的包装材料。

(1) 采用木箱包装

木箱包装一般用于体积大和比较笨重的机电产品。制作木箱的材料有木材、胶合板、纤维板、刨花板等。木箱包装的体积大，且受绿色生态环境保护的限制，因此已日趋减少使用。

(2) 纸箱包装

纸箱包装一般用于体积较小、质量较轻的电子产品。制作纸箱的材料有单芯瓦楞纸板、双芯瓦楞纸板和硬纸板等。使用瓦楞纸箱的包装轻便牢固、弹性好，与木箱包装相比，其运输费和包装费都比较低，材料的利用率高，并且可以再生使用，是一种现代化的包装。

(3) 包装用的缓冲材料

包装缓冲材料的选择，应以最经济并能对电子产品提供起码的保护能力为原则。根据产品在流通环境中受冲击、振动等力学条件，宜选择密度为20～30kg/m³、压缩强度（压缩50%时）≥2.0×10⁵Pa的聚苯乙烯泡沫塑料做缓冲衬垫材料。衬垫的结构一般以成型衬垫为主要结构形式，能有效地对电子产品进行缓冲。衬垫的结构形式还应有助于增强包装箱的抗压性能，有利于保护电子产品的凸出部分和脆弱部分。

(4) 包装用的防尘和防湿材料

包装用的防尘和防湿材料可以选用物化性能稳定、机械强度大、透湿率小的材料，如有机塑料薄膜、有机塑料袋等，并采用内密封式或外密封式包装。为了使包装内的空气保持干燥，可以在包装内放置硅胶等吸湿干燥剂。

(5) 电子产品包装的防伪要求

为了实现产品包装的防伪要求，可以将电子产品的包装设计成一次性包装，即包装一旦打开，就再也不能恢复原来的形状，这样可起到防伪的作用。为了防止不法之徒生产和销售假冒伪劣电子产品谋利，生产厂家还广泛采用各种高科技防伪措施，例如在包装上加激光防伪标志就是防伪措施之一。

9.2.3 液晶电视机整机包装实例

液晶电视机经整机总装、调试和检验合格后，就进入了包装工序。现在生产的50英寸液晶电视机的包装采用流水作业方式，体现了电子产品的包装工艺过程。

(1) 液晶电视机的包装工艺流程

对于50英寸液晶电视机的流水包装作业，需要安排8个工位来完成整机的包装操作。在将包装用的纸箱、封箱钉、胶带等准备好后，8个工位的操作内容如下所示。

① 将液晶电视机说明书、合格证、维修点地址簿、三联保修卡、用户意见书装入胶袋中，用胶纸封口。

② 将条形码标签贴在随机卡、后壳和保修卡（两张）上；用透明胶纸把保修卡贴在电视机的后上方；将电源线折弯理好装入胶袋，用透明胶纸封口，摆放在工装板上。

③ 将下包装纸箱成型；用胶纸封贴四个接口边；将其放在送箱的拉体上。

④ 取上包装纸箱；在指定位置贴上条形码标签；用印台打印上生产日期，在整机颜色栏内用印章打印。

⑤ 将上包装纸箱成型；在包装纸箱的上部两边，用打钉机各打一颗封箱钉；将其放在运送箱子的平台上。

⑥ 将下缓冲垫放入下纸箱内；将胶袋放入纸箱上；开自动吊机；将胶袋打开，扶整机入箱后，封好胶袋。

⑦ 将上缓冲垫按左右方向放在电视机上；将配套遥控器放入缓冲垫上的指定位置，并用胶纸贴牢；将附件袋放入电视机旁边，并盖好纸板。

⑧ 将上纸箱套入包装整机的下纸箱上；将包装箱上的四个提手分别装入纸箱两边的指定位置；将箱体送入自动封胶机封胶带。

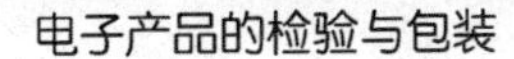

至此，液晶电视机的包装结束，可以将已包装好的液晶电视机送到物料区放好，等待整机入库。

(2) 液晶电视机的包装工艺卡

在液晶电视机的包装工序中，对每个工位的操作内容、方法、步骤、注意事项、所用辅助材料、工装设备等都做了详细的规定，并体现在包装工艺卡上，操作者只需按照包装工艺卡进行操作，即可完成本工位的工作。

电视机遥控失灵故障的判别技巧

当电视机不能使用遥控器进行遥控时，首先需要对电视遥控器进行判断，以分清是电视遥控器的问题，还是电视机本机遥控接收电路的问题。

电视遥控器造成不能遥控的常见原因有电池耗尽或接触不良；电池夹引线脱焊；印制板断裂；晶振引脚开路或内部断路（这是最常见的故障原因）；红外发射二极管脱焊或损坏。判断红外发射二极管好坏，测其正反向电阻即可，与判断普通二极管方法相同。

检查电视遥控器可用下述方法进行快速判别：将电视遥控器靠近一个调幅收音机，按电视遥控器上的任何键，若收音机中发出“嘟嘟”声，可证明遥控发射器振荡电路基本正常。再用万用表的直流电压挡测红外发射二极管两端的电压，当按动电视遥控器的按键时，万用表指针将发生一定幅度的摆动，这即可认为电视遥控器是正常的，否则电视遥控器有故障。

如果电视机本机的键控好用，又经检查确认电视遥控器是正常的，则说明遥控接收电路有故障。当按电视遥控器上任何一个按键时，遥控接收集成电路的信号输出端电压将下降0.5～1V，如果电压没有变化，则可进一步证明遥控接收器有故障。

检查电视机遥控接收电路，首先应检查其＋5V工作电压是否正常，其次再检查光敏二极管。检查光敏二极管的方法是用万用表测其两端的电阻，其阻值应随按电视遥控器的按键而变小。最后再检查遥控接收集成电路各脚外接的阻容元件，若均正常，则是遥控接收器的集成电路损坏。

第⑩章 电子产品生产工艺文件的识读

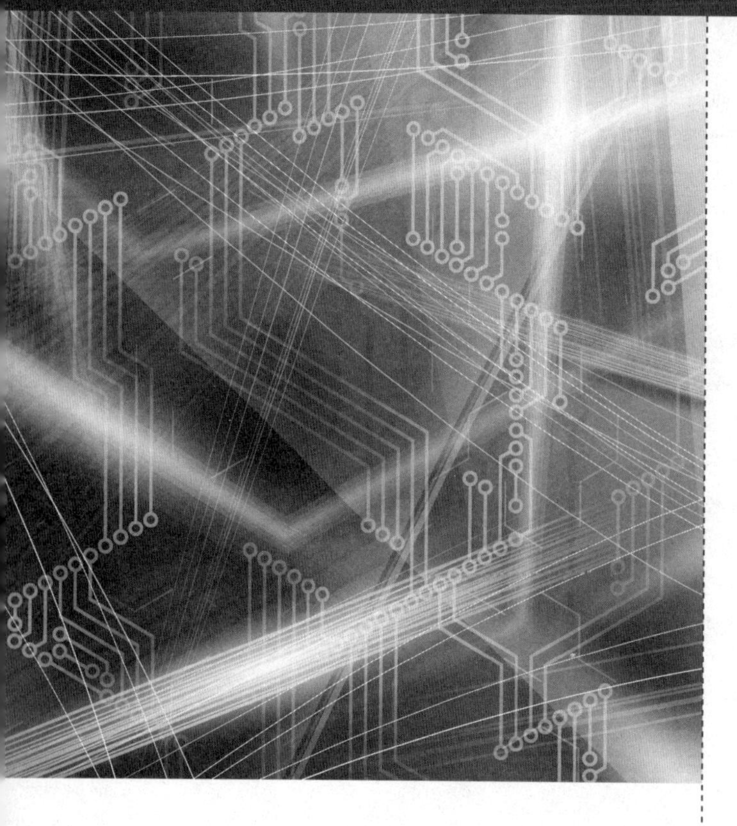

10.1 电子产品生产工艺文件的种类和内容

10.1.1 电子产品生产工艺文件的种类

根据电子产品的特点，工艺文件通常可分为工艺管理文件和工艺规程文件两大类。

(1) 工艺管理文件

工艺管理文件是企业组织生产、进行生产技术准备工作的文件，它规定了产品的生产条件、工艺路线、工艺流程、工具设备、调试及检验仪器、工艺装置、材料消耗定额和工时消耗定额。如图10.1所示，是生产某型号收音机所需要调试及检验仪器的明细表。如图10.2所示，是生产某型号收音机所需要工具的明细表。

(2) 工艺规程文件

工艺规程文件是规定产品制造过程和操作方法的技术文件，它主要包括零件加工工艺、元件装配工艺、导线加工工艺、调试及检验工艺的操作要求和操作步骤，还给出了各个工艺的工时定额。

10.1.2 电子产品生产工艺文件的内容

在电子产品的生产过程中一般包含准备工序、流水线工序和调试检验工序，工艺文件按照每个工序的职责和操作编制了岗位操作人员具体的操作步骤，给出了操作的具体内容。

(1) 准备工序工艺文件的编制内容

准备工序工艺文件的编制内容有：元器件的筛选、元器件引脚的成形和挂锡、线圈和变压器的绕制、导线的加工、线把的捆扎、电缆制作、剪切套管、打印标记等。这些工作不适合流水线装配，是按照工序顺序分别编制出相应的工艺文件。

(2) 流水线工序工艺文件的编制内容

流水线工序工艺文件的编制内容主要是针对电子产品的装配和焊接工序，这道工序大多在流水线上进行。编制的内容如下。

① 确定工序。按照电子产品的生产过程，确定流水线上需要的工序数目。这时应考虑到各工序所用时间的平衡性，各个工序上的劳动量和工时应大致接近。例如一台收音机印制电路板的组装焊接，可按局部元件的分布分工制作。

② 确定工时。根据操作内容的多少，确定出每个工序的工时。按照操作人员的生产疲劳时间，可以确定出一般小型机每个工序的工时不超过5min，大型机每个工序的工时不超过30min，然后再进一步计算出日产量和生产周期。

③ 确定顺序。电子产品的生产工序顺序应合理安排，要考虑到操作的省时、省力和方便，尽量避免让工件来回翻动和重复往返。

仪器仪表明细表		产品型号和名称		产品图号
		S753 台式收音机		HD.2.025.105
序号	**型　号**	**名　称**	**数　量**	**备　注**
1		高频信号发生器	4	
2		示波器	4	
3		3V 稳压源	4	
4		真空管毫伏表	4	
5		500型万用表	6	
6		数字式万用表	1	

旧底图总号	更改标记	数量	更改单号	签　名	日　期		签　名	日　期	第 1 页	
						拟　制				
						审　核			共 1 页	
底图总号										
						标准化			第 1 册	第 11 页

图 10.1　生产 S753 台式收音机所需要的调试及检验仪器明细表

工位器具明细表	产品型号和名称	产品图号
	S753 台式收音机	HD.2.025.105

序号	型　号	名　称	数　量	备　注
1	SL-A型 60W	60W 手枪烙铁	10	
2	SL-A型 61W	烙铁芯	10	
3	SL-A型 62W	烙铁头	10	
4		25W 内热式电烙铁	10	
5		烙铁芯	10	
6		长寿命烙铁头	10	
7		汽动剪刀	3	
8		汽动剪刀头	3	
9		气动螺刀	10	
10		十字气动螺刀头	10	
11		4″ 一字螺刀	20	
12		4″ 十字螺刀	20	
13		锋钢剪刀	10	
14		不锈钢镊子	20	
15		125mm尖头钳	20	
16		125mm斜口钳	5	
17		500mm钢皮尺	2	
18		150mm钢皮尺	2	
19		电子秒表	1	
20		0.82～0.87密度计	4	
21		密度计玻璃吸管	4	
22		1～2升塑料量杯	2	
23		80×120mm搪瓷方盘	2	
24		塑料点漆壶	1	
25		元器件料盒	300	
26	480×360×120	塑料存放箱	10	
27		不锈钢汤勺	1	

旧底图总号	更改标记	数量	更改单号	签　名	日　期		签　名	日　期	第 1 页
						拟　制			
						审　核			共 2 页
底图总号									
						标准化			第 1 册　第 9 页

图 10.2　生产 S753 台式收音机所需要工具的明细表

④ 装焊分开。安装工序和焊接工序应分开安排，每个工序尽量不使用多种工具，以便工人进行简单操作，熟练掌握，保证优质高产。

(3) 调试检验工序工艺文件的编制内容

调试和检验工序工艺文件的编制内容应标明测试仪器的种类、等级标准及连接方法，标明各项技术指标的规定值，标明每个测试环节的测试条件和方法，明确给出该工序的检验项目和检验方法。

10.2 工艺文件的格式

工艺文件包括专业工艺规程、各具体工艺说明及简图、产品检验说明（方式、步骤、程序等），这类文件一般有专用格式，具体包括工艺文件封面、工艺文件目录、工艺文件更改通知单、工艺文件明细表。

电子产品工艺文件的格式按照电子行业标准 SJ/T1324—92 执行，应根据具体电子产品的复杂程度及生产的实际情况，按照规范进行编写，并配齐成套，装订成册。

10.2.1 编写工艺文件的格式要求

对工艺文件的格式是有一定要求的，尽管电子产品不一样会导致工艺文件的内容不同，但是编写工艺文件的格式是有统一要求的。具体要求如下。

① 文件成套。工艺文件要有一定的格式和幅面，图幅大小应符合有关标准，并保证工艺文件的成套性。

② 内容规范。文件中的字体要正规，图形要正确，书写应清楚。

③ 前后一致。生产电子产品工艺文件上的名称、编号、图号、符号、材料和元器件代号等应与电子产品的设计文件保持一致。

④ 安装有据。安装图在工艺文件中可以按照工序全部绘制，也可以只按照各工序安装件的顺序，参照设计文件安装，但是一定要有一个安装依据。

⑤ 照图排线。线把图尽量采用 1∶1 图样，以便于准确捆扎和排线。大型线把可用几幅图纸拼接，或用剖视图标注尺寸，以便于按照图纸进行排线。

⑥ 接线明确。在装配接线图中连接线的接点要明确，接线部位要清楚，必要时产品内部的接线可假设移出展开。各种导线的标记由工艺文件决定。

⑦ 焊接有位。焊接工序应画出接线图，各元器件的焊接位置一定要画出明确的位置示意图。

⑧ 审核批准。编制成的工艺文件要执行审核、批准等手续。

⑨ 及时修订。当设备更新和进行技术革新时，应及时修订工艺文件。

10.2.2 各种工艺文件格式的具体要求

(1) 工艺文件封面的格式要求

工艺文件的封面如图10.3所示。

工艺文件封面

工 艺 文 件

产品型号　R—218T
产品名称　调频调幅收音机
产品图号
本册内容　元件工艺、导线加工、基板插件
　　　　　焊接装配

第1册
共6页
共1册

批准

年　月　日

图10.3　工艺文件的封面

工艺文件的封面是在工艺文件装订成册时使用的文件。简单电子产品的工艺文件可按整机装订成一册，复杂电子产品的工艺文件可按几个单元分别装订成册。

（2）工艺文件目录表的格式要求

工艺文件的目录表又叫做工艺文件明细表，如图 10.4 所示。

	工艺文件明细表			产品名称或型号		产品图号
				×××彩色电视机		
	序号	产品代号	零、部、整件图号	零、部、整件图号	页数	备注
	1	G1		工艺文件封面	1	
	2	G2		工艺文件目录	2	
	3	G3		元件明细工艺表	3	
	4	G4		导线及线扎加工表	4	
	5	G5		装配工艺过程卡	5	
	6	G6		工艺说明及简图	6	

底图总号		更改标记	数量	文件名	签名	日期	签名		日期	第 2 页
							拟制			
							审核			共 6 页

图 10.4 工艺文件的目录表

工艺文件目录表是工艺文件装订顺序的依据。目录表既可作为移交工艺文件的清单，也便于查阅每一种组件、部件和零件所具有的各种工艺文件的名称、页数和装订次序。

（3）工艺说明表的格式要求

如图 10.5 所示，是某电子产品的工艺说明表，它给出了元件加工所需要的工具、元件插装前的准备工作和每个元件的插装要求。

工艺说明表

<table>
<tr><td rowspan="4"></td><td rowspan="4"></td><td rowspan="4">工艺说明及简图</td><td>名称</td><td>编号或图号</td></tr>
<tr><td>R—218T 调频调幅收音机</td><td></td></tr>
<tr><td>工艺名称</td><td>工序名称</td></tr>
<tr><td>电路板元件位置装配图</td><td></td></tr>
<tr><td>旧底图总号</td><td colspan="4">说明：本图所示为印制电路板的铜箔面（正面）。
除集成电路外，其余元器件一律装在印制板的背面。</td></tr>
</table>

<table>
<tr><td>底图总号</td><td>更改标记</td><td>数量</td><td>文件名</td><td>签名</td><td>日期</td><td colspan="2">签名</td><td>日期</td><td rowspan="2">第 6 页</td></tr>
<tr><td rowspan="2" colspan="1"></td><td></td><td></td><td></td><td></td><td></td><td>拟制</td><td></td><td></td></tr>
<tr><td></td><td></td><td></td><td></td><td></td><td>审核</td><td></td><td></td><td rowspan="2">共 6 页</td></tr>
<tr><td></td><td></td><td></td><td></td><td></td><td></td><td></td><td></td><td></td></tr>
<tr><td></td><td></td><td></td><td></td><td></td><td></td><td></td><td></td><td></td><td rowspan="2">第 1 册</td></tr>
<tr><td></td><td></td><td></td><td></td><td></td><td></td><td></td><td></td><td></td></tr>
</table>

图 10.5　某电子产品的工艺说明表

（4）导线及线扎加工表的格式要求

导线及线扎加工表列出了整机产品所需的各种导线和线扎等线缆用品，此表要便于观看、标记醒目、不易出错。某电子产品的导线及线扎的加工规格和连接位置如图 10.6 所示。

导线及线扎加工表

导线及线扎加工表	产品名称或型号	产品图号
	R—218T 调频调幅收音机	

序号	线号	材料		导线修剥尺寸/mm				导线焊接处		设备	工时定额	备注
		名称规格	颜色	L全长	A剥头	B剥头	数量	A端焊接处	B端焊接处			
1	W1	塑料线 AVR1×12	红	12	4	4	1	印制电路板 A	印制电路板 B			
2	W2	塑料线 AVR1×12	蓝	24	4	4	1	印制电路板 C	印制电路板 D			
3	W3	塑料线 AVR1×12	黄	24	4	4	1	印制电路板 E	印制电路板 F			
4	W4	塑料线 AVR1×12	白	24	4	4	1	印制电路板 G	印制电路板 H			
5	W5	塑料线 AVR1×12	白	24	4	4	1	印制电路板 I	印制电路板 J			
6	W6	塑料线 AVR1×12	白	65	4	4	1	印制电路板 K	印制电路板 L			
7	W7	塑料线 AVR1×12	红	90	4	4	1	印制电路板 B	印制电路板 M			
8	W8	塑料线 AVR1×12	白	70	4	4	1	印制电路板 N	扬声器(－)			
9	W9	塑料线 AVR1×12	黑	70	4	4	1	印制电路板 O	扬声器(＋)			
10	W10	塑料线 AVR1×12	白	70	4	4	1	印制电路板 P	拉杆天线焊盘			

简图：

旧底图总号

底图总号	更改标记	数量	文件名	签名	日期	签名		日期	第 4 页
						拟制			
						审核			共 6 页
									第 1 册

图 10.6　某电子产品的导线及线扎的加工表

10.2.3　工艺流程图

工艺流程图包括工艺流程框图和元件装配工艺过程卡等。

(1) 工艺流程图

电子产品的生产工艺流程图是指在生产过程中，操作者使用生产工具将各种元器件、电路板、外壳等部件通过一定的设备、按照一定的顺序连续进行加工，最终使之成为电子产品成品的方法与过程。

编写工艺流程图的基本原则是技术先进和经济合理。由于不同电子产品生产厂的设备生产能力和工人的熟练程度等因素大不相同，所以即使对于同一种电子产品而言，不同工厂制定的工艺流程图可能是不同的，甚至同一个工厂在不同的时期所设计的工艺流程图也可能不同。

可见，就某一电子产品而言，生产工艺流程具有不确定性和不唯一性。比如某电子产品的工艺流程图如图 10.7 所示。

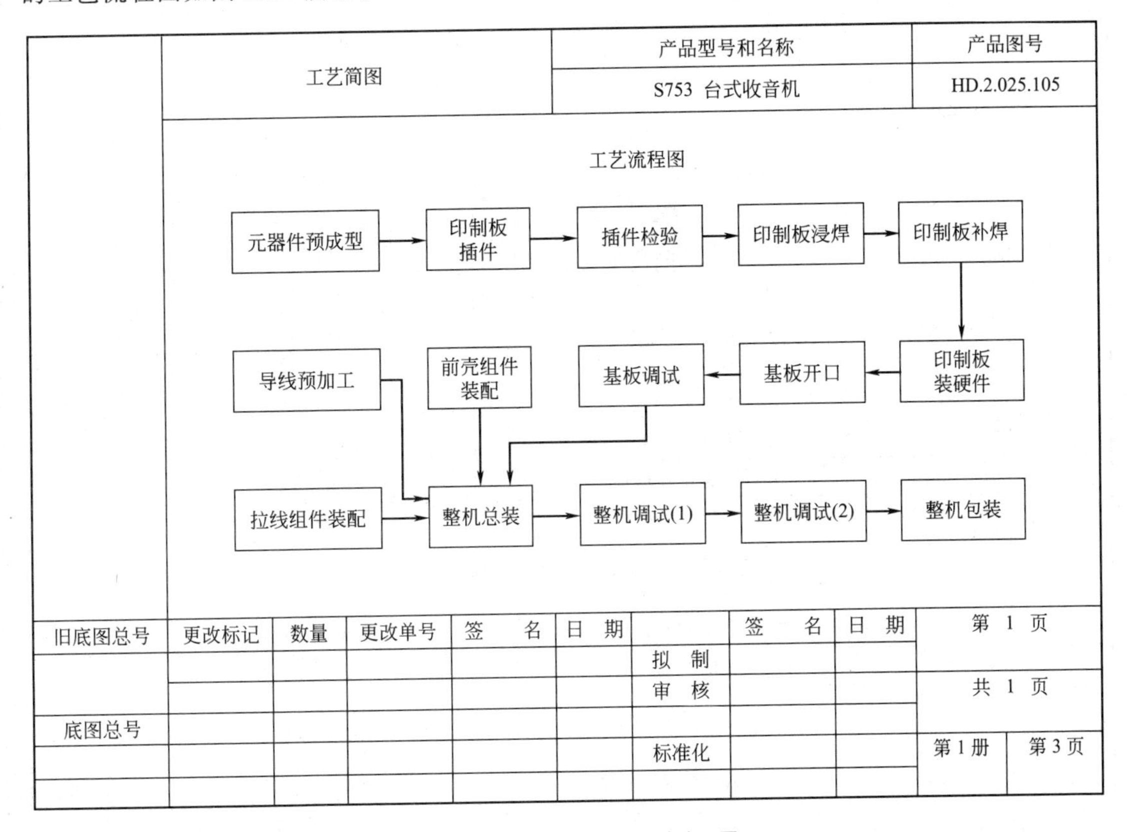

	工艺简图	产品型号和名称	产品图号
		S753 台式收音机	HD.2.025.105

工艺流程图

旧底图总号	更改标记	数量	更改单号	签 名	日 期		签 名	日 期	第 1 页
						拟 制			
						审 核			共 1 页
底图总号									
						标准化			第1册 第3页

图 10.7　某台式收音机的工艺流程图

(2) 元件装配工艺过程卡

元件装配工艺过程卡是用来指导工人加工电子产品的操作文件。简易电子产品的元件装配工艺过程卡是统一编制一个简易的工艺流程，写出各个工序名称，给出各个工序的工装，给出每道工序工人操作的具体步骤。

装配工艺卡是电子产品整机装配中的重要文件，在准备工作的各工序和流水线的各工序都要用到它。其中安装图、连线图、线把图等都采用图卡合一的格式，即在一幅图纸上既有图形，又有材料表和设备表，材料顺序按照操作先后次序排列。有些要求在图形上不易表达清楚，可在图形下方加注简要说明。

复杂电子产品的元件装配工艺过程卡内容比较多，每一道工序都有专用的元件装配工艺过程卡，在元件装配工艺过程卡中包含本工序的安装加工图、仪器设备的使用、本道工序元器件的安装数量和安装要求、安装完毕后的检验标准、操作人员的操作步骤等。

元件装配工艺过程卡一般为表格形式，文字简洁，表意明确，方便工人使用。

某电子产品的元件装配工艺过程卡如图 10.8 所示。

		元件装配工艺过程卡					装配件名称		装配件图号	
							基板插件焊接工艺			
	位号	装入件及辅助材料 代号、名称、规格	数量	车间	工序号	工种	工序(步骤)内容及要求	设备及工装	工时定额	备注
元件	IC1	CXA1691M 集成电路	1		1		焊在印制电路板的铜箔面	电烙铁		
	R3	电阻 RT14～100kΩ	1		2		按装配图位号插、焊电阻	偏口钳		
	L1	0.47mm 16 圈电感	1		3		按装配图位号			
	L2	0.47mm 7 圈电感(细)	1		3		按装配图位号			
	L4	0.6mm 7 圈电感	1		3		按装配图位号			
	L5	0.47mm 7 圈电感(粗)	1		3		按装配图位号			
	R1	电阻 RT14～220Ω	1		4		按装配图位号			
	R2	电阻 RT14～2.2kΩ	1		4		按装配图位号			
	C7	电容器 CC1～1pF	1		4		按装配图位号			
	C10	电容器 CC1～15pF	1		4		按装配图位号			
	C2、C3、C4	电容器 CC1～30pF	3		4		按装配图位号			
	C8	电容器 CC1～180pF	1		4		按装配图位号			
	C17	电容器 CC1～0.01μF	1		4		按装配图位号			
	C11	电容器 CC1～0.047μF	1		4		按装配图位号			
	C6、C21、C22	电容器 CC1～0.1μF	3		4		按装配图位号			
	C16、C18	电容器 CD11～1μF	2		4		按装配图位号			
	C9、C15	电容器 CD11～4.7μF	2		4		按装配图位号			
	C5、C19	电容器 CD11～10μF	2		4		按装配图位号			
	C20、C23	电容器 CD11～220μF	2		4		按装配图位号			
	CF1	L10.7A 陶瓷滤波器	1		5		按装配图位号			
	CF2	455B 陶瓷滤波器	1		5		按装配图位号			
	T1	AM 本振线圈(红)	1		5		本振线圈、中周、耳机插口和音量开关电位器要插平后才可焊接			
	T2	AM 中周(白)	1		5					
	T3	FM 鉴频中周(绿)	1		5					
	BE	耳机插口	1		6					
	RP	音量开关电位器	1		6					
旧底图总号										

底图总号	更改标记	数量	文件名	签名	日期	签名		日期	
						拟制			第 5 页
						审核			
									共 6 页
									第 1 册

图 10.8　某台式收音机的元件装配工艺过程卡

家用微波炉常见故障维修技巧

在电炊具中，微波炉的致热效率是最高的。近几年来，国产微波炉的价格大幅下降，更由于其使用方便，家庭普及率越来越高。随着微波炉数量的增加，微波炉的维修工作也逐渐增加。许多人对微波炉工作时产生的微波有恐惧感，对维修工作也感到棘手。其实，微波炉的工作原理很简单，真正的核心器件只有四个：电源变压器、高压电容、高压二极管和磁控管，维修工作也很简单。普通型微波炉的电路如图10.9所示。

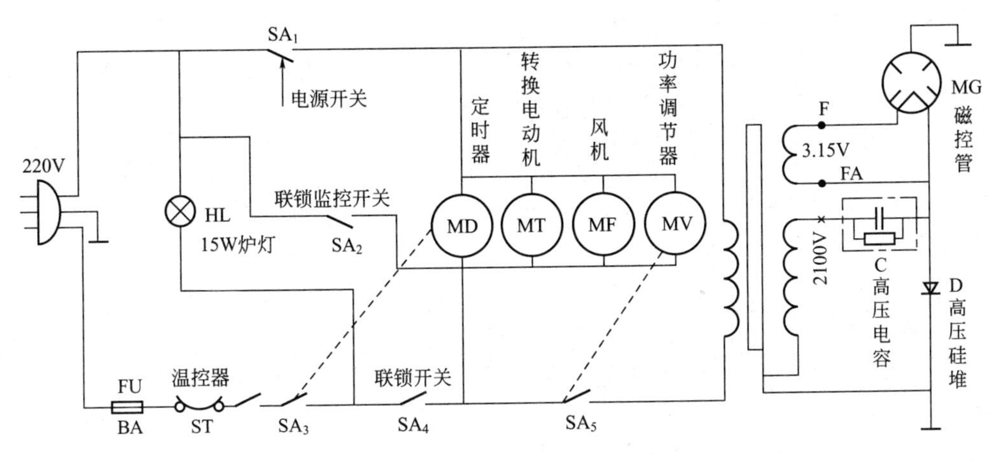

图10.9 普通型微波炉的控制电路

在图10.9中，SA1为电源开关，SA2，SA3为门联锁开关，SA4为定时开关，SA5为功率调节开关，ST为由碟形双金属片构成的磁控管过热保护开关。当需要微波炉工作时，关上炉门，炉门联锁机构动作，主联锁开关SA4闭合，联锁监控开关SA2断开，微波炉处于准备工作状态。当设定烹饪时间后，定时器开关SA3闭合，炉灯HL亮。若微波炉的功率调节器设定在最高挡位时，则功率调节开关SA5也闭合，这时只需按下启动按钮，则开关SA1闭合，微波炉开始工作，转盘电动机、风机、定时电动机和功率调节电动机均转动，定时器开始计时，220V/50Hz电源接通电源变压器的初级回路，变压器的二次绕组输出约2100V的高压，再经高压二极管和高压电容C组成的半波倍压整流电路后，转换为约4kV的直流负电压加在磁控管的阴极，使磁控管的阴极和阳极间形成一个高压电场区。同时变压器的灯丝绕组输出3.15V的电压直接供给磁控管的灯丝（灯丝就是阴极），使其被加热而发射电子。

在电场和磁场的共同作用下，电子在谐振腔内形成振荡，产生2450MHz的微波，微波经波导管输入微波炉腔，与腔内放置的食物分子形成共振，食物分子间的振动摩擦使食物被加热。放在转盘上的食物不断旋转，使食物被均匀加热。当设定时间终了时，定时器的复位铃响，开关SA3断开，电源开关SA1也断开，加热结束。按下开门按钮，联锁开关动作，SA4断开，SA2闭合。炉门打开后，即可取出烹饪的食物。

由以上电路分析可见，微波炉在电路中采取了多重保护措施，防止炉门打开时微波发生电路仍在工作，从而有效地保护了使用者。至于微波辐射对人体的危害，生产厂家在设计微波炉的结构时已经解决了防辐射问题。微波炉问世三十多年，从未有因微波辐射对人体造成危害的报道。

根据编者的维修经验，微波炉最常见的故障有两种，其维修方法也有技巧。

（1）指示灯不亮，也不能加热

这个故障的原因大多是电路中的熔丝烧断，只要打开微波炉外壳，找到熔丝，将其更换即可。因为微波炉频繁启动，大电流的多次冲击容易使熔丝烧断，根本不是什么微波炉内部有短路故障所致。作为应急维修方法，也可将熔丝两端用导线连接起来即可。

（2）指示灯亮，但不能加热

这个故障的原因大多是电路中的高压电容或高压二极管损坏，又以高压二极管损坏的可能性最大。尤其是在冬季，微波炉内温度很低，高压电容和高压二极管上容易结露，致使高压电容和高压二极管的耐压性能下降，容易被击穿而损坏。所以在冬季，不要将微波炉放在寒冷的地方，可大大降低微波炉故障的发生率。

维修时，只要打开微波炉外壳，找到高压二极管，用万用表的R×10k挡，测量其正反向电阻，若两次测量其阻值都无穷大，即可判定是高压二极管损坏，将其更换即可。

参考文献

[1] 王卫平. 电子产品制造工艺. 北京：高等教育出版社，2012.
[2] 黄纯. 电子产品工艺. 北京：电子工业出版社，2014.
[3] 王天曦，李鸿儒. 电子技术工艺基础. 北京：清华大学出版社，2012.
[4] 沈晋源，汤蕾. 大学生职业技能培训教材. 北京：高等教育出版社，2005.
[5] 清华大学电子工艺实习教研组. 电子工艺实习. 北京：清华大学出版社，2013.
[6] 樊会生. 电子产品工艺. 北京：机械工业出版社，2015.
[7] 杨清学. 电子装配工艺. 北京：电子工业出版社，2014.
[8] 廖芳. 电子产品生产工艺与管理. 北京：电子工业出版社，2014.
[9] 龙立钦. 电子产品结构工艺. 北京：电子工业出版社，2012.